手工坊玩趣童装系列

萌娃的百变 ❤ 造型毛衣

阿瑛/编

跟我一起百变吧！

中国纺织出版社

内 容 提 要

　　本书共精选了91款适合0～8岁儿童穿着的可爱儿童毛衣。俏皮百变的萌娃造型，经典丰富的款式，清新灵动的排版设计，一定会让您爱不释手。书中每一款作品都附有详细的编织图解，实用性很强，一本书就能轻松让您成为编织辣妈！

图书在版编目（CIP）数据

萌娃的百变造型毛衣/ 阿瑛编. — 北京：中国纺织出版社，2016.9
　（手工坊. 玩趣童装系列）
　ISBN 978-7-5180-2939-6

　Ⅰ．①萌… Ⅱ．①阿… Ⅲ．①童服—毛衣—手工编织—图集 Ⅳ．①TS941.763.1-64

中国版本图书馆CIP数据核字（2016）第215979号

责任编辑：阚媛媛　　　　　　　　　　责任印制：储志伟
编　委：刘 欢　熊 鹰　邵海燕　　　封面设计：盛小静

中国纺织出版社出版发行
地址：北京市朝阳区百子湾东里A407号楼　　邮政编码：100124
销售电话：010-67004461　传真：010-87155801
http://www.c-textilep.com
E-mail:faxing@c-textilep.com
长沙鸿发印务实业有限公司印刷　　各地新华书店经销
2016年9月第1版第1次印刷
开本：889×1194　1 / 16　印张：17
字数：150千字　定价：42.80元

指导老师编语

开个小店，贩卖幸福

一年多的时间里，我和我的小伙伴开着一家小小的淘宝店(小笨猫生活坊)，每天对着电脑画图、录教程，编织自己心仪的款式，教别人学会编织。当我们开始从事这项工作时，完全是因为我们爱好编织，对手工编织充满激情——从零开始，一点一点地积累产品、结交朋友，每天做着自己喜欢的事情，我想这就是我一直想要的生活。我们不走捷径，只会安安静静做着简单又快乐的事，但愿遇到同样爱好的朋友，一起进步，一块成长。店铺虽小，有梦就好！

编织是件很辛苦的事，但是也能让人静下心安静的享受。很多朋友都问自己没有基础能不能学会，对于这个问题我们无从回答。这不是1+1=2的问题，编织是因人而异的，只要你有足够的耐心、恒心，能一直坚持并喜欢下去，它必然不是什么难题。但愿以后的日子，我们能交到更多同样爱好编织的朋友，能有更好的作品跟大家分享。

在喧嚣的生活中，能找到一块属于自己的梦想空间，过一种无比充实、温暖、快乐、平静又丰富的日子，这便是件美好的事。

小笨猫生活坊

CONTENTS 目录

No.1

绚丽彩色婴儿鞋

编织方法见 第 129 页

No.2
米色花朵婴儿鞋、帽
编织方法见 第 130 页

No.3

育克式宝宝上衣

编织方法见 第 132 页

No.4

粉色宝宝系带背心

编织方法见 第 134 页

No.5

简约插肩套头衫

编织方法见 第 135 页

No.6

糖果色小熊毛衣

编织方法见 第 136 页

No.7

姜黄色舒适套头衫

编织方法见 第 138 页

No.8

可爱粉红斗篷

编织方法见 第 139 页

No.9

条纹配色背心

编织方法见 第 140 页

No.10

可爱花边小熊背心
编织方法见 第 141 页

No.11

浅蓝系带背心

编织方法见 第 143 页

No.12

甜美舒适钩花斗篷

编织方法见 第 144 页

No.13

紫色开襟小背心

编织方法见 第 146 页

No.14

迷你钩针小坎肩

编织方法见 第 147 页

No.15

清新黄色小开衫

编织方法见 第 148 页

No.16
简约粉色小开衫
编织方法见 第 150 页

No.17

西瓜红育克短袖衫

编织方法见 第 151 页

No.18

黄色插肩袖开衫

编织方法见 第 152 页

No.19

蓝色小鱼背心

编织方法见 第 153 页

No.20

甜美绒球系带开衫

编织方法见 第 154 页

No.21

素雅配色小开衫

编织方法见 第 156 页

No.22

橘粉色扭花套头衫

编织方法见 第 157 页

No.23

中性翻领背心

编织方法见 第 159 页

No.24

甜美橘色背心裙

编织方法见 第 160 页

No.25

段染花朵小背心

编织方法见 第 162 页

No.26

时尚连帽斗篷

编织方法见 第 163 页

No.27

军绿色保暖围巾

编织方法见 第 164 页

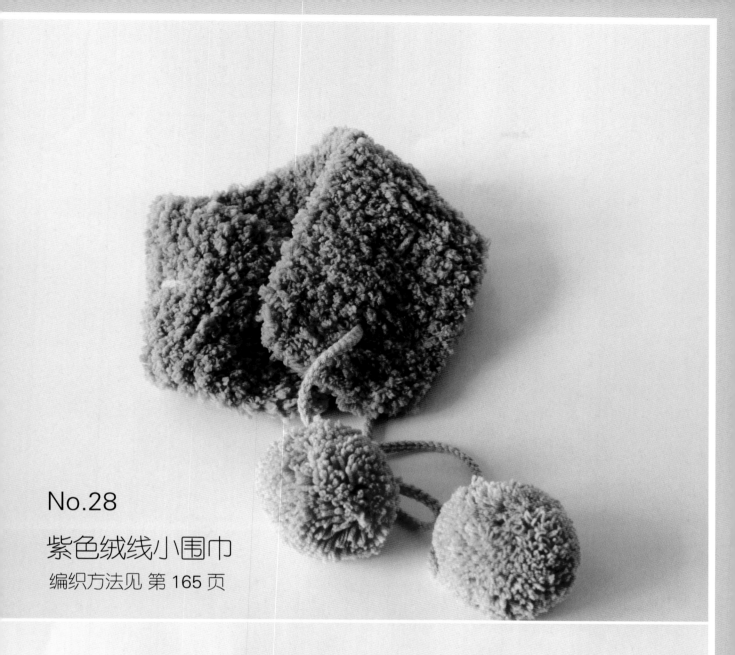

No.28

紫色绒线小围巾

编织方法见 第 165 页

No.29

条纹配色连帽开衫
编织方法见 第 166 页

No.30
紫色钩花围巾
编织方法见 第 167 页

No.31

甜美粉色八角帽

编织方法见 第 168 页

No.32

枣红色罗纹帽

编织方法见 第 169 页

No.33

可爱深紫连耳帽

编织方法见 第 170 页

No.34

简约褐色纽扣帽

编织方法见 第 171 页

No.35

紫粉色围巾、帽子

编织方法见 第 172 页

浅紫口袋背心裙
编织方法见 第 174 页

No.37

灰色收腰公主裙

编织方法见 第 175 页

No.38

粉色甜美蓬蓬裙

编织方法见 第 177 页

No.39

蓝色小羊图案套头衫

编织方法见 第 178 页

No.40

橘色小羊图案套头衫

编织方法见 第180页

No.41

可爱熊猫小背心

编织方法见 第 182 页

No.42

个性拼色毛衣

编织方法见 第 183 页

No.43

灰色配色小开衫

编织方法见 第 185 页

No.44

简约口袋款外套

编织方法见 第 186 页

No.45

浅蓝钩针小开衫

编织方法见 第 187 页

No.46

甜美浅粉色开衫

编织方法见 第 189 页

No.47

简约插肩袖外套

编织方法见 第 190 页

No.49

紫色大摆公主上衣

编织方法见 第 193 页

No.50

可爱围巾、帽子套装

编织方法见 第 194 页

No.51

红色连帽开襟背心

编织方法见 第 196 页

No.52

清凉镂空钩针衫
编织方法见 第 197 页

甜美小花朵开襟背心

编织方法见 第 199 页

No.54

红色淑女小斗篷

编织方法见 第 200 页

No.55

粉与黑拼色毛衫

编织方法见 第 201 页

No.56

紫色扭花背心
编织方法见 第 203 页

No.57

橘色花朵纽扣外套

编织方法见 第 204 页

No.58

素雅拼色系带背心
编织方法见 第 207 页

No.59

小香风棕色开衫
编织方法见 第 208 页

No.60

甜美玫红吊带裙

编织方法见 第210页

No.61

菱形花样套头衫

编织方法见 第 211 页

No.62

黄色钩花小背心

编织方法见 第 213 页

No.63

甜美钩花背心裙

编织方法见 第 215 页

No.64

蓝色香蕉领毛衣
编织方法见 第216页

No.65

舒适收腰连衣裙

编织方法见 第 218 页

No.66

清新花朵摆背心裙

编织方法见 第219页

No.67

红黄色系段染背心

编织方法见 第220页

90

No.68

紫色收身小背心

编织方法见 第 221 页

No.69

菠萝花翻领开衫

编织方法见 第 223 页

No.70

靓丽玫红帽子、手套
编织方法见 第 225 页

甜美花朵帽子

编织方法见 第 226 页

No.72

荷叶边段染中袖开衫
编织方法见 第 227 页

No.73

花朵配色小开衫

编织方法见 第 229 页

No.74

甜美钩边小背心

编织方法见 第 230 页

No.75

萌小兔图案套头衫
编织方法见 第 232 页

No.76

彩色花朵上衣、裤子
编织方法见 第 235 页

No.77

大蝴蝶结毛线帽

编织方法见 第 238 页

No.78

时尚花朵背心裙

编织方法见 第 239 页

No.79

蓝色大绒球毛线帽

编织方法见 第 241 页

No.80

大红菠萝花蛋糕裙

编织方法见 第 243 页

No.81

拼花配色短袖开衫

编织方法见 第 246 页

No.82

蓝色气质育克衫

编织方法见 第 248 页

No.83

可爱翻领拼花披肩
编织方法见 第 250 页

No.84

素雅翻领中袖衫

编织方法见 第 252 页

No.85

粉色迷你小背心
编织方法见 第 253 页

No.86

茶色开襟小背心

编织方法见 第 254 页

No.87

绿色立领插肩袖毛衣

编织方法见 第 255 页

No.88

棕色网眼花样背心

编织方法见 第 256 页

No.89

甜美浅粉吊带衫

编织方法见 第 257 页

No.90

奶黄色钩针小背心

编织方法见 第 258 页

No.91

粉色后开襟裙衫

编织方法见 第 259 页

NO.1 彩图见第6页

材　　料：中粗羊毛线红黄白绿
　　　　　夹花线50g，宝蓝色、
　　　　　大红色、黄色各适量

工　　具：2/0号钩针

成品尺寸：鞋长10cm、鞋宽6cm、鞋深5cm

编织密度：参考花样编织图

结构图

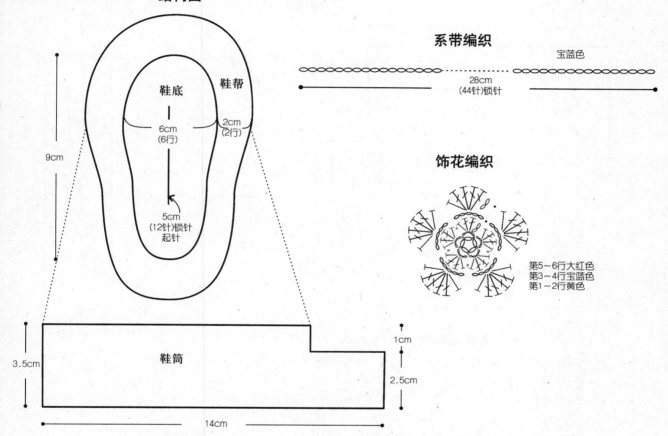

鞋底

鞋帮

6cm
(6行)

2cm
(2行)

9cm

5cm
(12针)锁针
起针

鞋筒

3.5cm

14cm

1cm

2.5cm

系带编织

宝蓝色

28cm
(44针)锁针

饰花编织

第5~6行大红色
第3~4行宝蓝色
第1~2行黄色

花样编织

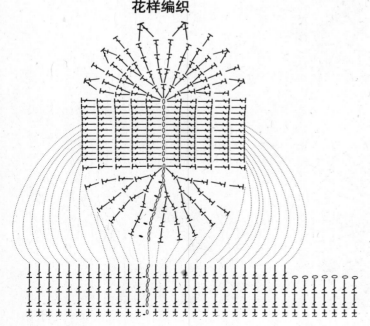

款式图

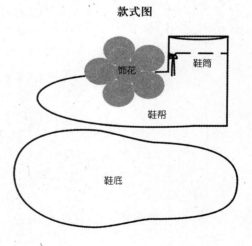

饰花

鞋筒

鞋帮

鞋底

129

材　　料：中粗羊毛线米色帽子80g、
　　　　　鞋子60g，珠子9颗

成品尺寸：帽深12cm、帽围23cm
　　　　　鞋长9cm、鞋底宽4cm、鞋深3cm

工　　具：2/0号钩针

编织密度：参考花样编织图

结构图

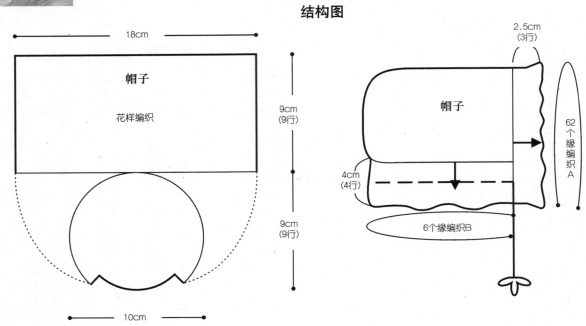

18cm

帽子

花样编织

9cm
(9行)

9cm
(9行)

10cm

2.5cm
(3行)

帽子

62个缘编织A

4cm
(4行)

6个缘编织B

帽子花样编织

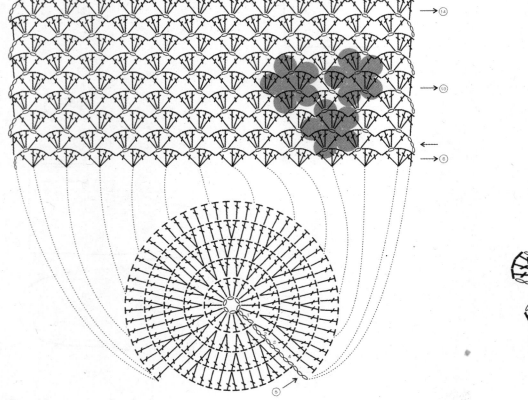

→⑭

→⑩

←

→⑥

⑤

饰花编织

帽子

● =珠子位置

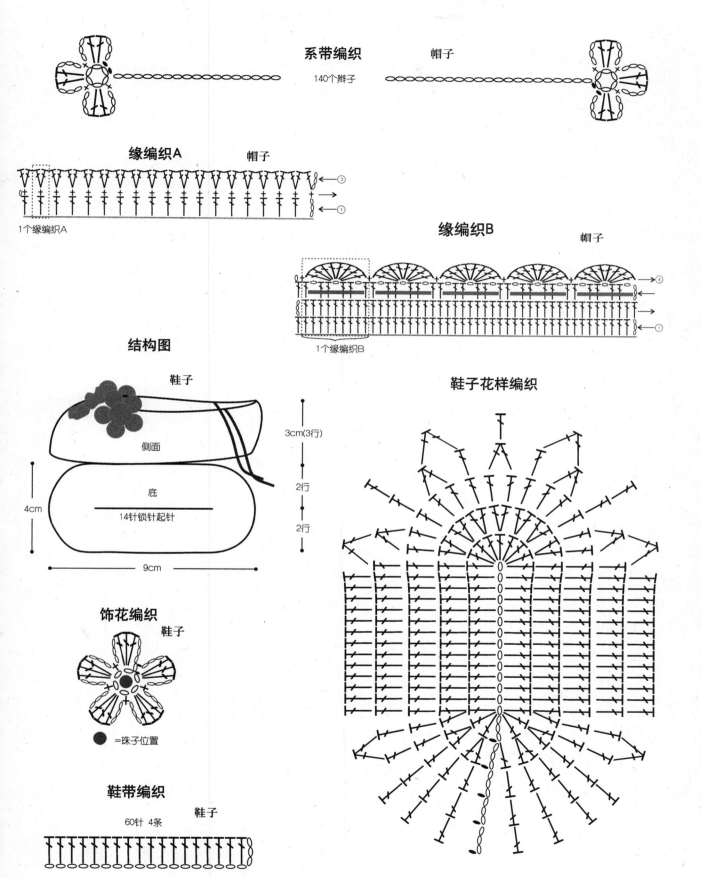

系带编织 帽子

140个辫子

缘编织A 帽子

1个缘编织A

缘编织B 帽子

1个缘编织B

结构图

鞋子

侧面

底

14针锁针起针

4cm

9cm

3cm(3行)

2行

2行

鞋子花样编织

饰花编织

鞋子

● =珠子位置

鞋带编织

鞋子

60针 4条

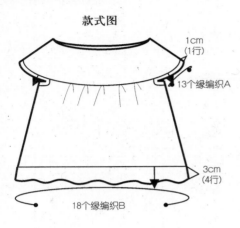

材　　料：中粗羊毛线橘色80g、
　　　　　白色30g

工　　具：1.5/0号钩针

成品尺寸：衣长29.5cm、胸围70.5cm、肩袖长8.5cm

编织密度：花样编织A　　23针×11行/10cm
　　　　　花样编织B　　23针×13行/10cm

结构图

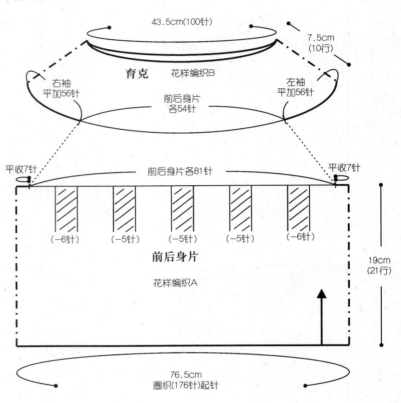

款式图

1cm
(1行)

13个缘编织A

3cm
(4行)

18个缘编织B

43.5cm(100针)

7.5cm
(10行)

育克　　花样编织B

右袖
平加56针

左袖
平加56针

前后身片
各54针

平收7针

前后身片各81针

平收7针

(−6针)　(−5针)　(−5针)　(−5针)　(−6针)

前后身片

花样编织A

19cm
(21行)

76.5cm
圈织(176针)起针

花样编织A

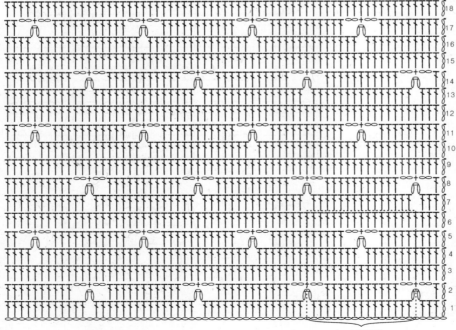

1个花样

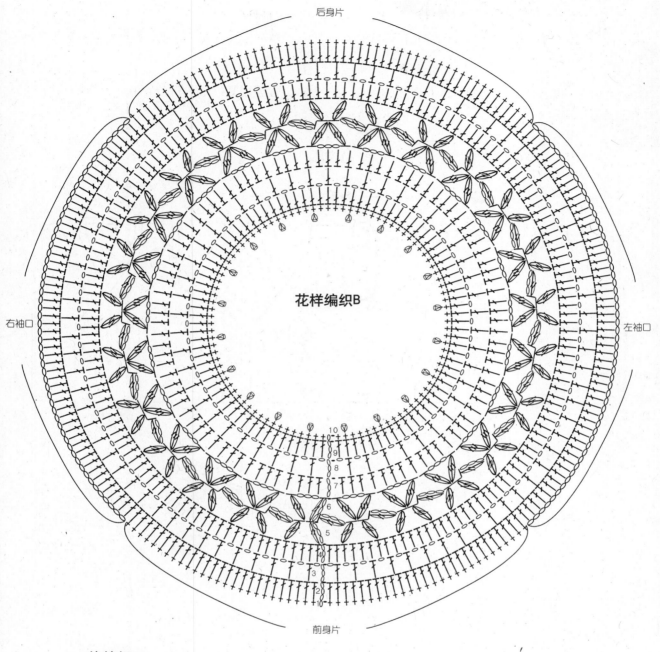

后身片

右袖口

左袖口

花样编织B

前身片

缘编织A

1个缘编织A

缘编织B

1个缘编织B

材　　料：中粗棉线粉红色130g

工　　具：5/0号钩针

成品尺寸：衣长31cm、胸围67cm、背肩宽24cm

编织密度：花样编织A　34针×15行/10cm
　　　　　花样编织B　8针×3行/花样

结构图

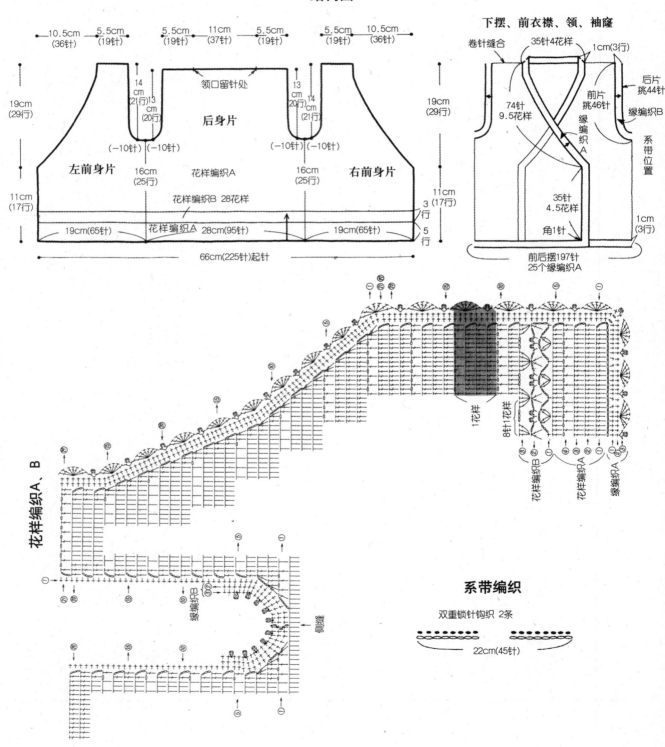

下摆、前衣襟、领、袖窿

10.5cm (36针)　5.5cm (19针)　5.5cm (19针)　11cm (37针)　5.5cm (19针)　5.5cm (19针)　10.5cm (36针)

19cm (29行)

14cm (21行)　13cm (20行)　领口留针处　13cm (20行)　14cm (21行)

后身片

(-10针)(-10针)　(-10针)(-10针)

左前身片　16cm (25行)　花样编织A　16cm (25行)　右前身片

花样编织B 28花样

19cm (65针)　花样编织A 28cm (95针)　19cm (65针)

11cm (17行)

3行　5行

66cm (225针) 起针

19cm (29行)

11cm (17行)

卷针缝合　35针4花样　1cm (3行)

74针9.5花样　后片挑44针

前片挑46针　缘编织B

缘编织A

系带位置

35针4.5花样

角1针　1cm (3行)

前后摆197针　25个缘编织A

1花样

8针1花样

花样编织B　花样编织A　缘编织A

花样编织A、B

缘编织B

侧缝

系带编织

双重锁针钩织 2条

22cm (45针)

NO.5 彩图见第12页

材　　料：中粗羊毛线栗色200g、
浅粉色适量，纽扣6颗

工　　具：3.0mm棒针

成品尺寸：衣长28.5cm、胸围68cm、肩袖长28.5cm

编织密度：花样编织、上下针编织　29针×57行/10cm

结构图

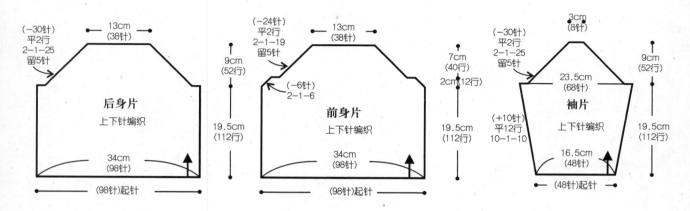

后身片
上下针编织

(−30针)
平2行
2−1−25
留5针

13cm
(38针)

9cm
(52行)

19.5cm
(112行)

34cm
(98针)

(98针)起针

前身片
上下针编织

(−24针)
平2行
2−1−19
留5针

13cm
(38针)

(−6针)
2−1−6

34cm
(98针)

(98针)起针

7cm
(40行)

2cm(12行)

19.5cm
(112行)

袖片
上下针编织

3cm
(8针)

(−30针)
平2行
2−1−25
留5针

23.5cm
(68针)

(+10针)
平12行
10−1−10

16.5cm
(48针)

(48针)起针

9cm
(52行)

19.5cm
(112行)

款式图

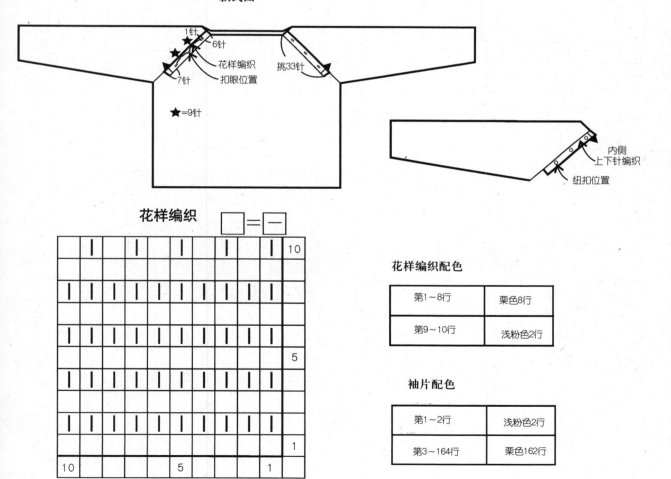

1针
6针
花样编织
扣眼位置
7针
挑33针

★=9针

内侧
上下针编织
纽扣位置

花样编织

□ = —

						10
						5
						1
10		5		1	

花样编织配色

第1~8行	栗色8行
第9~10行	浅粉色2行

袖片配色

第1~2行	浅粉色2行
第3~164行	栗色162行

材　　料：中粗棉线浅绿色220g，
水红色100g，黄色、深棕
色、白色各适量

工　　具：2.0mm棒针

成品尺寸：衣长41cm、胸围60cm、肩袖长36cm

编织密度：花样编织A、B，下针编织，
双罗纹编织　30针×35行/10cm

结构图

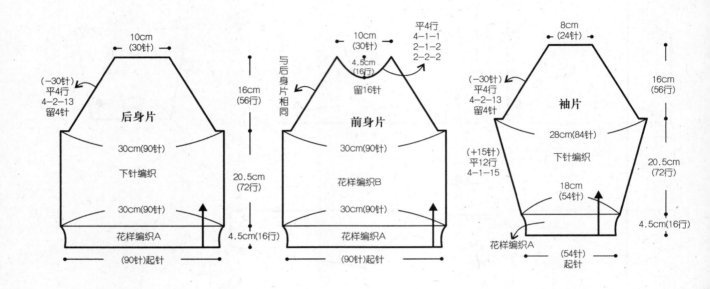

后身片

10cm（30针）

（-30针）平4行4-2-13留4针

30cm（90针）

下针编织

30cm（90针）

花样编织A

16cm（56行）

20.5cm（72行）

4.5cm（16行）

（90针）起针

前身片

与后身片相同

10cm（30针）

平4行4-1-1　2-1-2　2-2-2

4.5cm（16行）留16针

30cm（90针）

花样编织B

30cm（90针）

花样编织A

（90针）起针

袖片

8cm（24针）

（-30针）平4行4-2-13留4针

28cm（84针）

下针编织

（+15针）平12行4-1-15

18cm（54针）

花样编织A

（54针）起针

16cm（56行）

20.5cm（72行）

4.5cm（16行）

款式图

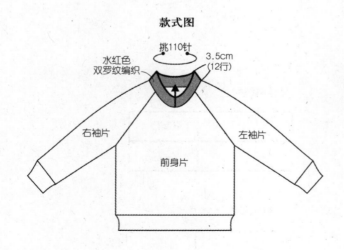

水红色双罗纹编织

挑110针

3.5cm（12行）

右袖片　　左袖片

前身片

花样编织A

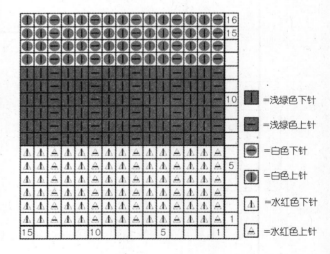

=浅绿色下针

=浅绿色上针

=白色下针

=白色上针

=水红色下针

=水红色上针

花样编织B

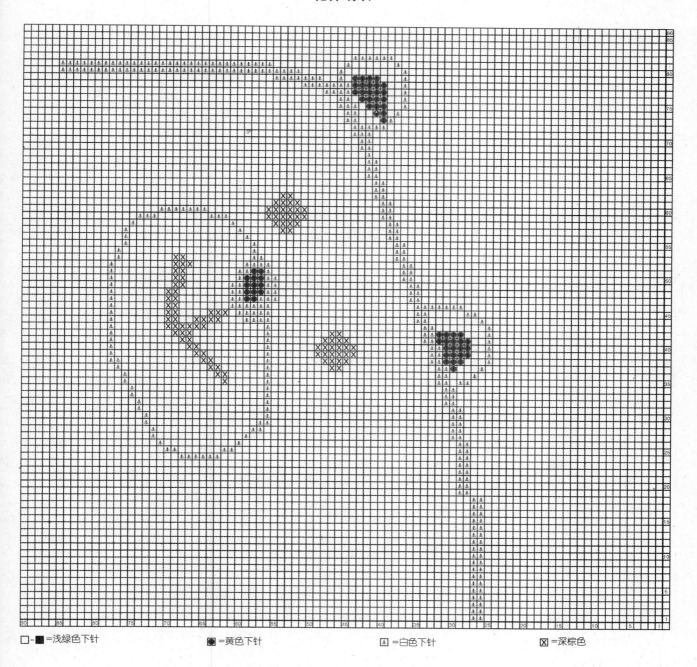

□=■=浅绿色下针　　　　　■=黄色下针　　　　　🙚=白色下针　　　　　🗵=深棕色

材　料：中粗羊毛线姜黄色300g、　成品尺寸：衣长38cm、胸围69.5cm、背肩宽24.5cm(后)
紫灰色50g 26cm(前)、袖长35cm

工　具：3.6mm棒针　　编织密度：花样编织、下针编织、双罗纹编织
26针×38行/10cm

结构图

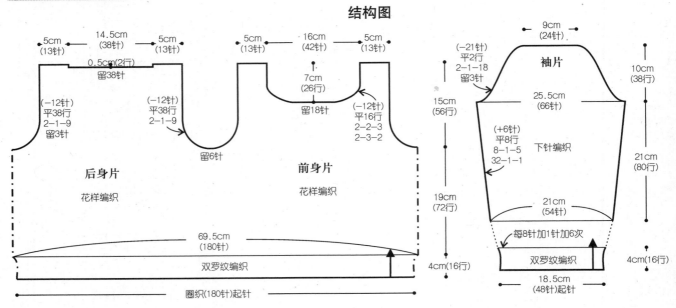

5cm
(13针)
14.5cm
(38针)
5cm
(13针)
5cm
(13针)
16cm
(42针)
5cm
(13针)

0.5cm(2行)
留38针

(−12针)
平38行
2-1-9
留3针

(−12针)
平38行
2-1-9

7cm
(26行)
留18针

(−12针)
平16行
2-2-3
2-3-2

留6针

后身片
花样编织

前身片
花样编织

69.5cm
(180针)

双罗纹编织

圈织(180针)起针

9cm
(24针)

袖片

(−21针)
平2行
2-1-18
留3针

25.5cm
(66针)

10cm
(38行)

(+6针)
平8行
8-1-5
32-1-1

下针编织

15cm
(56行)

21cm
(80行)

21cm
(54针)

19cm
(72行)

4cm(16行)

每8针加1针加6次

双罗纹编织

18.5cm
(48针)起针

4cm(16行)

花样编织

Ｚ=紫灰色上针编织　　　□=姜黄色下针编织

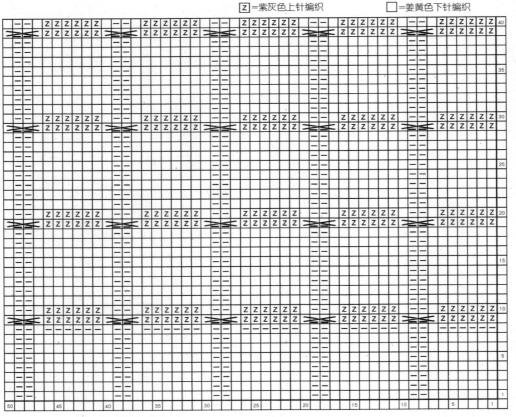

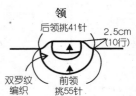

领

后领挑41针

2.5cm
(10行)

双罗纹
编织

前领
挑55针

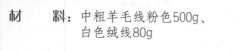

NO.8 彩图见第16页

材　　料：中粗羊毛线粉色500g、
　　　　　白色绒线80g

成品尺寸：披肩长31cm、下摆围104cm

工　　具：4.5mm棒针，2.5/0号钩针

编织密度：花样编织　30针×10行/10cm
　　　　　下针编织　16针×20行/10cm

结构图

衣边、衣襟、帽檐

下针编织
白色绒线

11cm
(18针)

5cm
(8针)

暗扣位置

纽扣

13cm
(21针)

4cm
(8行)

下针编织
白色绒线

◆=98cm(156针)挑针

96cm(154针)

绒球的制作方法

① 6cm

②

③ 剪断

④

将厚纸板剪成"U"形，
毛线卷绕40～50圈。

在中间扎紧打结。

将上下两端剪开。

修剪整齐。

花样编织

17.5cm
(52针)

22cm
(22行)

纽扣编织

系带编织

90cm(270针)起针

48cm(114针)起针

后身片中心点

27cm
(27行)

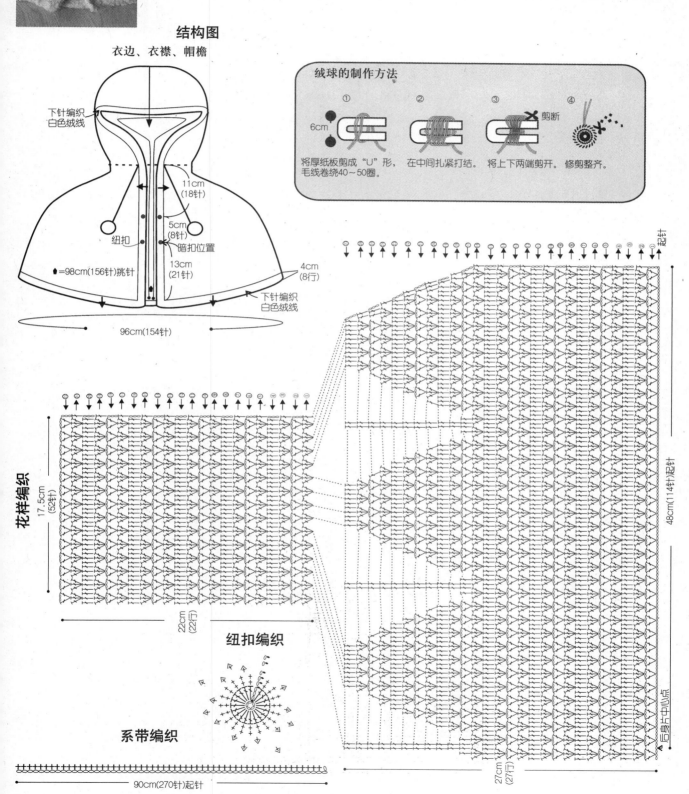

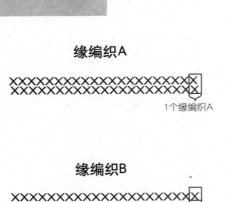

NO.9 彩图见第17页

材　料：中粗羊毛线粉红色150g，
白色、豆色各100g

工　具：2.5/0号钩针

成品尺寸：衣长31cm、胸围62cm、背肩宽21.5cm

编织密度：花样编织　20针×14行/10cm

缘编织A

1个缘编织A

缘编织B

1个缘编织B

款式图

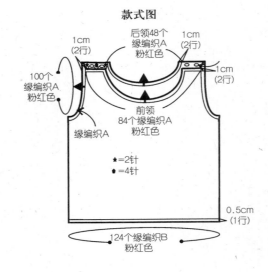

1cm
(2行)

后领48个
缘编织A
粉红色

1cm
(2行)

100个
缘编织A
粉红色

1cm
(2行)

前领
84个缘编织A
粉红色

缘编织A

★=2针
●=4针

0.5cm
(1行)

124个缘编织B
粉红色

配色表

第43行	粉红色
第42行	粉红色
第41行	粉红色
第40行	白色
第39行	豆色
第38行	白色
第37行	粉红色
第36行	白色
第35行	豆色
第34行	白色
第33行	粉红色
第32行	白色
第31行	豆色
第30行	白色
第29行	粉红色
第28行	白色
第27行	豆色
第26行	白色
第25行	粉红色
第24行	白色
第23行	豆色
第22行	白色
第21行	粉红色
第20行	白色
第19行	豆色
第18行	白色
第17行	粉红色
第16行	白色
第15行	豆色
第14行	白色
第13行	粉红色
第12行	白色
第11行	豆色
第10行	白色
第9行	粉红色
第8行	白色
第7行	豆色
第6行	白色
第5行	粉红色
第4行	白色
第3行	豆色
第2行	白色
第1行	粉红色

花样编织

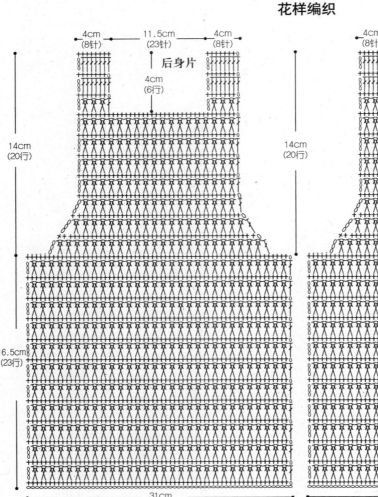

4cm
(8针)

11.5cm
(23针)

4cm
(8针)

后身片

4cm
(6行)

14cm
(20行)

16.5cm
(23行)

31cm
(62针)起针

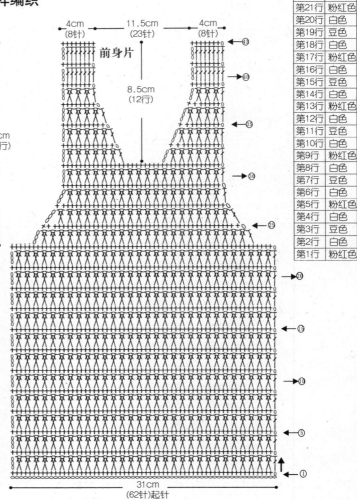

4cm
(8针)

11.5cm
(23针)

4cm
(8针)

前身片

8.5cm
(12行)

14cm
(20行)

31cm
(62针)起针

140

NO.10　彩图见第18页

材　　料：中粗毛线卡其色200g、
　　　　　蓝色20g、白色15g

工　　具：2.5/0号钩针

成品尺寸：衣长38cm、胸围61cm、背肩宽28cm

编织密度：花样编织　20针×6行/10cm

款式图

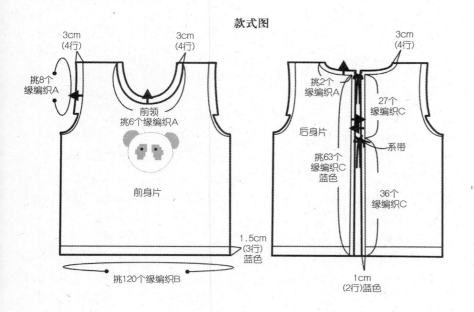

3cm
(4行)

3cm
(4行)

挑8个
缘编织A

前领
挑6个缘编织A

前身片

1.5cm
(3行)
蓝色

挑120个缘编织B

3cm
(4行)

挑2个
缘编织A

后身片

27个
缘编织C

系带

挑63个
缘编织C
蓝色

36个
缘编织C

1cm
(2行)蓝色

缘编织A配色

第4行	蓝色
第3行	白色
第1~2行	蓝色

耳朵编织

浅蓝色

小熊脸编织

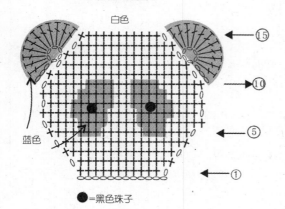

白色

⑮

⑩

⑤

蓝色

①

●=黑色珠子

缘编织A

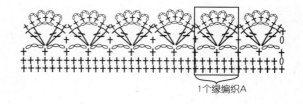

1个缘编织A

缘编织B

1个缘编织B

系带编织

20cm(40针)起针

缘编织C

1个缘编织C

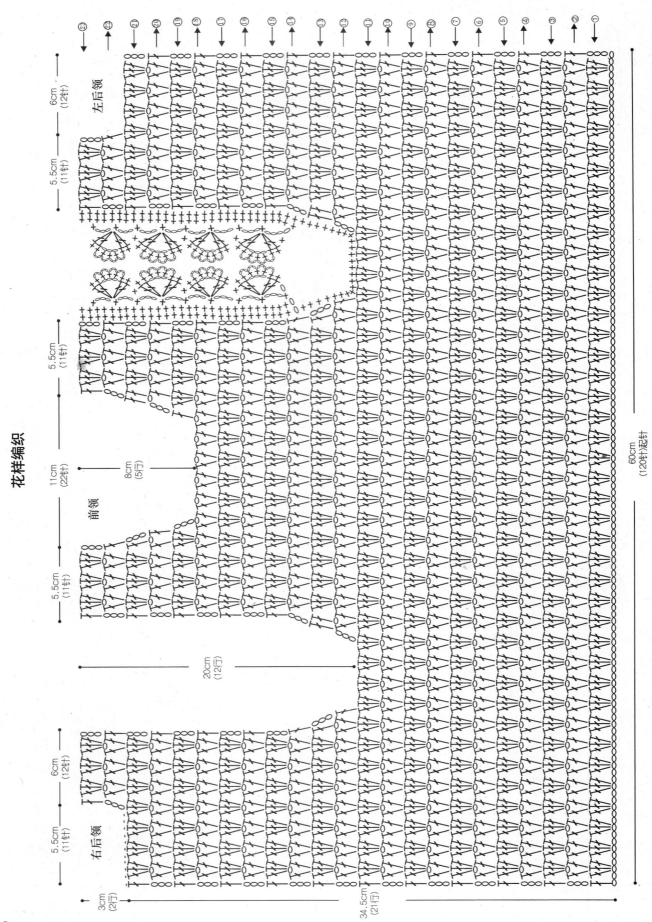

花样编织

左后领

6cm
(12针)

5.5cm
(11针)

5.5cm
(11针)

前领

11cm
(22针)

8cm
(5行)

5.5cm
(11针)

60cm
(120针)起针

右后领

6cm
(12针)

5.5cm
(11针)

20cm
(12行)

3cm
(2行)

34.5cm
(21行)

㉓ ㉒ ㉑ ⑳ ⑲ ⑱ ⑰ ⑯ ⑮ ⑭ ⑬ ⑫ ⑪ ⑩ ⑨ ⑧ ⑦ ⑥ ⑤ ④ ③ ② ①

142

材　料：中细棉线浅蓝色200g

成品尺寸：衣长36cm、胸围61cm、背肩宽24.5cm

工　具：2/0号钩针

编织密度：花样编织　24针×10行/10cm

结构图

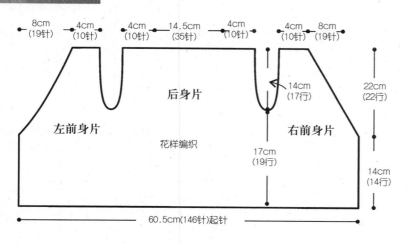

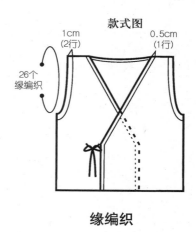

款式图

8cm(19针)　4cm(10针)　4cm(10针)　14.5cm(35针)　4cm(10针)　4cm(10针)　8cm(19针)

后身片

左前身片　右前身片

花样编织

14cm(17行)

17cm(19行)

22cm(22行)

14cm(14行)

60.5cm(146针)起针

1cm(2行)　0.5cm(1行)

26个缘编织

系带编织

20cm(50针)起针

缘编织

1个缘编织

花样编织

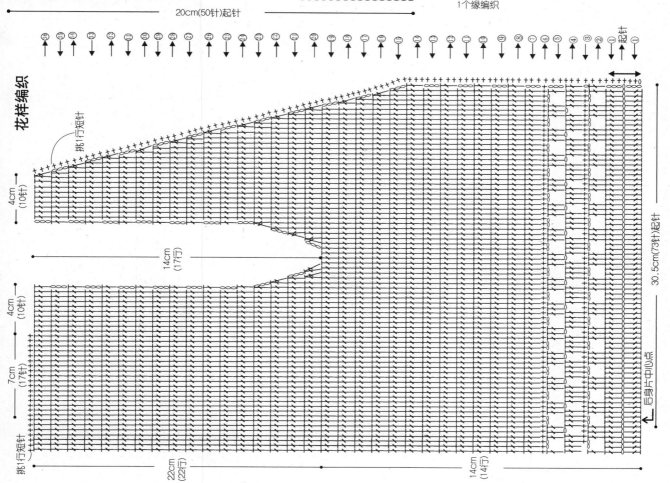

挑1行短针

4cm(10针)

14cm(17行)

4cm(10针)

7cm(17针)

挑1行短针

22cm(22行)

14cm(14行)

30.5cm(73针)起针

后身片中心点

材　　料：中粗羊毛线白色350g、
　　　　　深紫色40g、浅紫色20g

工　　具：2.5/0号钩针

成品尺寸：披肩长37cm、下摆围126cm

编织密度：花样编织A、B　20针×11行/10cm

结构图

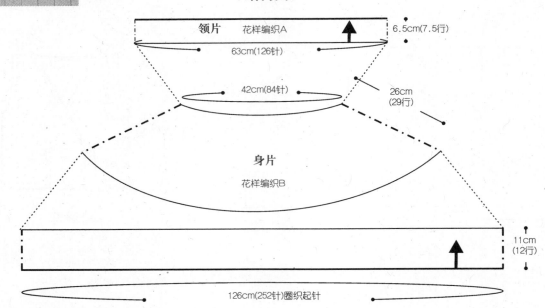

领片　花样编织A

63cm(126针)

6.5cm(7.5行)

42cm(84针)

26cm
(29行)

身片

花样编织B

11cm
(12行)

126cm(252针)圈织起针

款式图

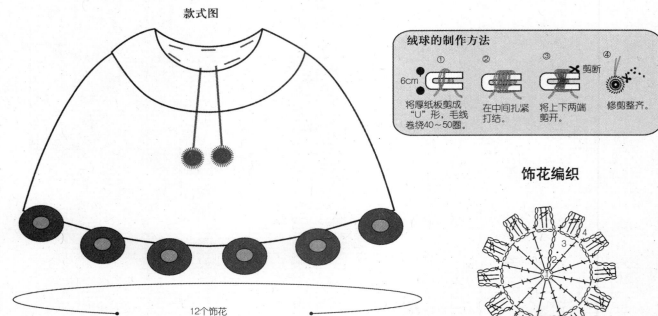

12个饰花

绒球的制作方法

① 将厚纸板剪成"U"形，毛线卷绕40～50圈。

6cm

② 在中间扎紧打结。

③ 将上下两端剪开。　剪断

④ 修剪整齐。

饰花编织

3
4
2
1

系带编织

深紫色

100cm(200针)起针

饰花配色

第4行	深紫色
第1～3行	浅紫色

144

花样编织A、B

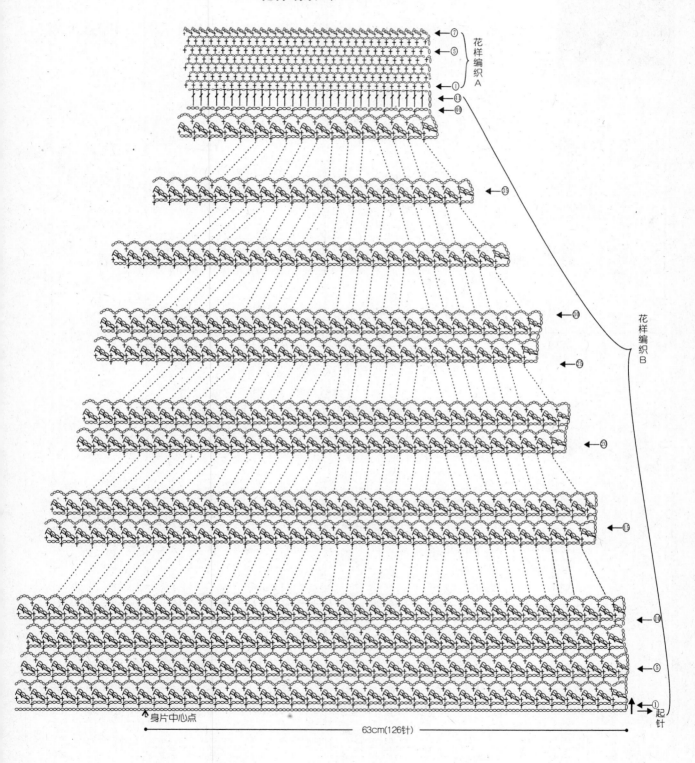

花样编织A

花样编织B

身片中心点

63cm(126针)

起针

145

材　　料：中粗羊毛线紫色260g，
　　　　　纽扣4颗

成品尺寸：衣长35cm、胸围60.5cm、背肩宽28cm

工　　具：2/0号钩针

编织密度：花样编织　　24针×10行/10cm

结构图

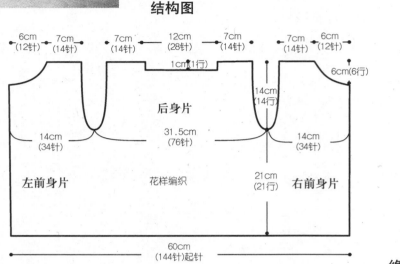

6cm
(12针)　7cm
(14针)　　7cm
(14针)　　12cm
(28针)　　7cm
(14针)　　7cm
(14针)　6cm
(12针)

1cm(1行)

6cm(6行)

14cm
(14行)

后身片

14cm
(34针)　　31.5cm
(76针)　　14cm
(34针)

21cm
(21行)

左前身片　　花样编织　　**右前身片**

60cm
(144针)起针

款式图

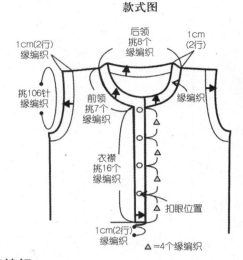

后领
挑8个
缘编织

1cm(2行)
缘编织　　　　1cm
(2行)

挑106针
缘编织

前领
挑7个
缘编织

缘编织

衣襟
挑16个
缘编织

扣眼位置

1cm(2行)
缘编织

△=4个缘编织

缘编织

1个缘编织

花样编织

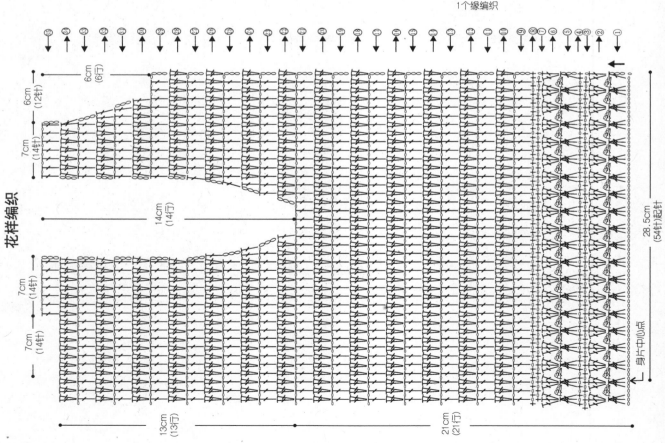

6cm
(12针)

6cm
(6行)

7cm
(14针)

14cm
(14行)

7cm
(14针)

7cm
(14针)

13cm
(13行)　　　　21cm
(21行)

28.5cm
(54针)起针

身片中心点

146

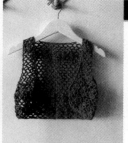

材　料：中粗羊毛线暗粉色或
　　　　紫色100g

工　具：2/0号钩针

成品尺寸：衣长31.5cm、胸围64.5cm、背肩宽25cm

编织密度：花样编织　25针×10行/10cm

缘编织

+ + + + + + + + + + + + + + +

1个缘编织

花样编织

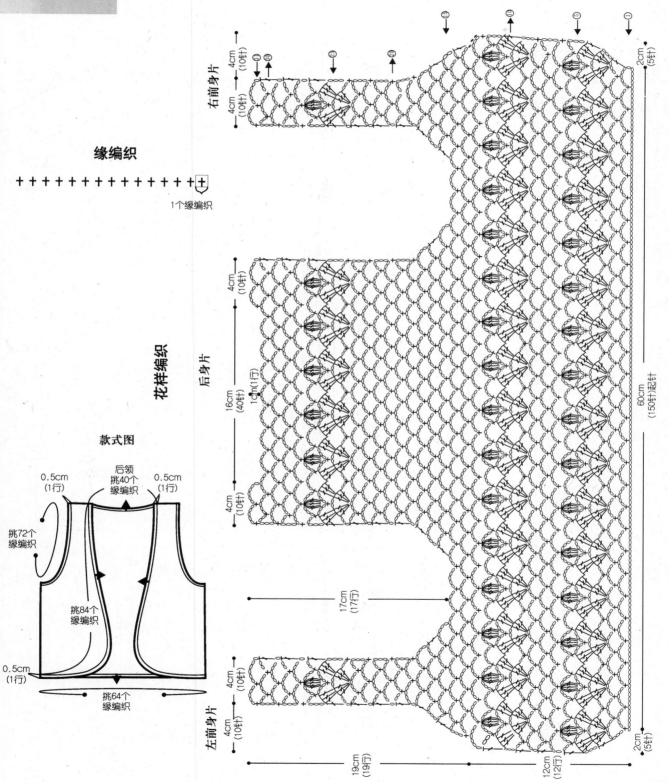

右前身片

后身片

左前身片

款式图

0.5cm
(1行)

后领
挑40个
缘编织

0.5cm
(1行)

挑72个
缘编织

挑84个
缘编织

0.5cm
(1行)

挑64个
缘编织

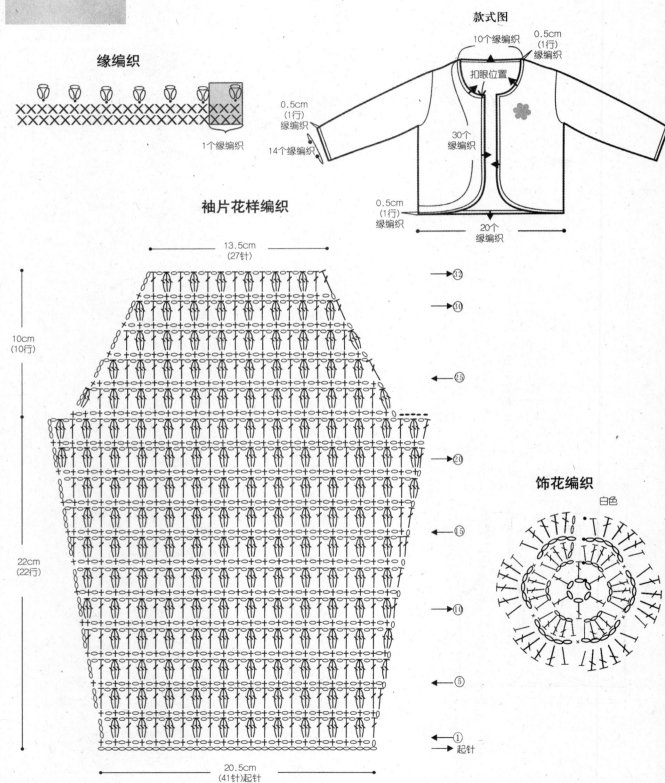

NO.15 彩图见第24页

材　　料：中粗羊毛线鹅黄色 250g、白色少量

工　　具：2.5/0号钩针

成品尺寸：衣长30.5cm、胸围67.5cm、背肩宽24.5cm、袖长32.5cm

编织密度：花样编织A、B　20针×10行/10cm

缘编织

1个缘编织

款式图

10个缘编织

0.5cm（1行）缘编织

扣眼位置

0.5cm（1行）缘编织

14个缘编织

30个缘编织

0.5cm（1行）缘编织

20个缘编织

袖片花样编织

13.5cm（27针）

10cm（10行）

22cm（22行）

20.5cm（41针）起针

32
30
25
20
15
10
5
1
起针

饰花编织

白色

148

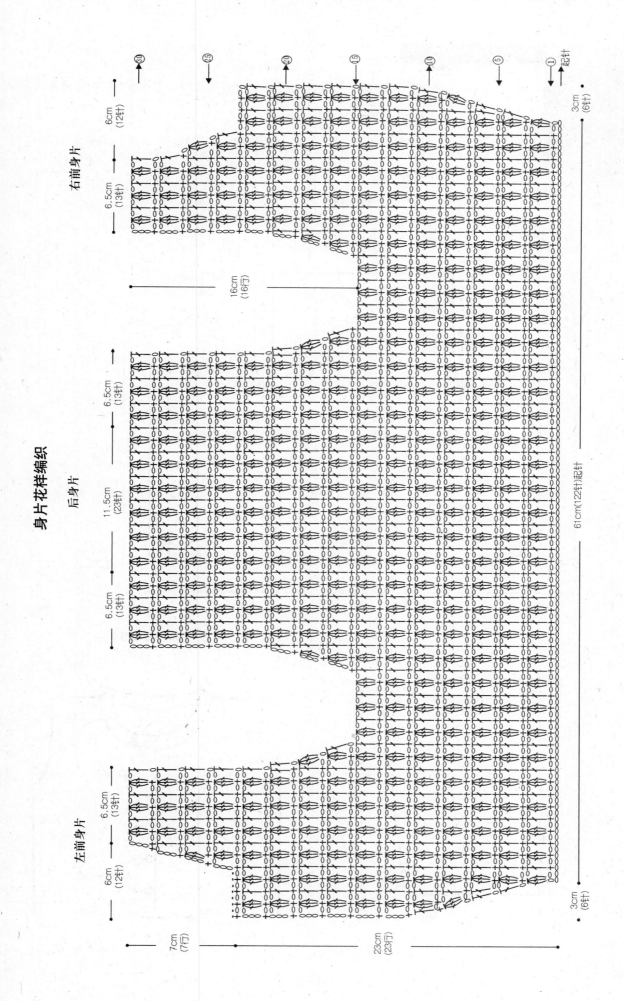

身片花样编织

右前身片

后身片

左前身片

6cm (12针)

6.5cm (13针)

16cm (16行)

6.5cm (13针)

11.5cm (23针)

6.5cm (13针)

6cm (12针)

6.5cm (13针)

7cm (7行)

23cm (23行)

3cm (6针)

61cm (12针)起针

3cm (6针)

起针

30

25

20

15

10

5

1

149

材　料：中粗羊毛线粉红色400g，
纽扣6颗

工　具：3.0mm棒针

成品尺寸：衣长44.5cm、胸围64cm、背肩宽27cm、
袖长34cm

编织密度：上下针编织、单罗纹编织
28针×40行/10cm

结构图

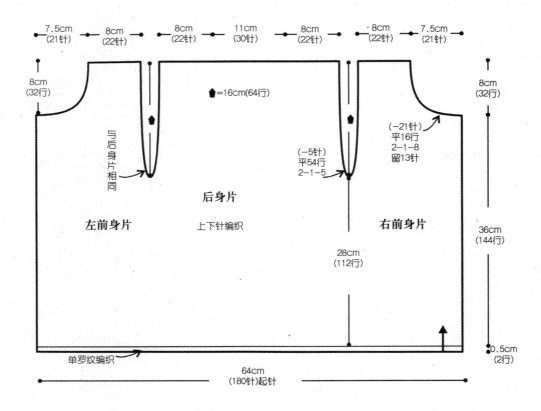

7.5cm (21针)　8cm (22针)　8cm (22针)　11cm (30针)　8cm (22针)　8cm (22针)　7.5cm (21针)

8cm (32行)

●=16cm(64行)

与后身片相同

(-5针) 平54行 2-1-5

(-21针) 平16行 2-1-8 留13针

左前身片　　后身片　　右前身片

上下针编织

8cm (32行)

36cm (144行)

28cm (112行)

单罗纹编织

64cm (180针)起针

0.5cm (2行)

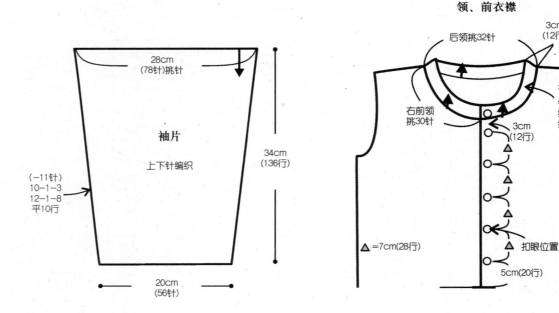

领、前衣襟

28cm (78针)挑针

袖片
上下针编织

34cm (136行)

(-11针) 10-1-3 12-1-8 平10行

20cm (56针)

后领挑32针

3cm (12行)

右前领挑30针

上下针编织

3cm (12行)

△=7cm(28行)

扣眼位置

5cm(20行)

材　　料：中粗羊毛线西瓜红色250g　　成品尺寸：衣长40.5cm、胸围80cm、肩袖长22.5cm

工　　具：2/0号钩针

编织密度：花样编织A　　30针×12行/10cm
花样编织B　　参考花样编织图
花样编织C　　45针×12行/10cm

结构图

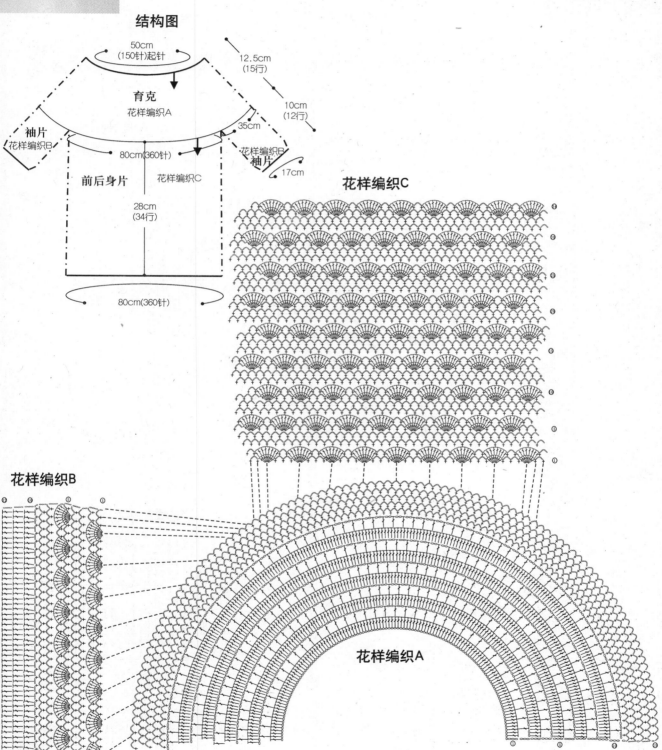

50cm
(150针)起针

12.5cm
(15行)

育克
花样编织A

10cm
(12行)

袖片
花样编织B

35cm

花样编织B
袖片

80cm(360针)

17cm

前后身片

花样编织C

28cm
(34行)

80cm(360针)

花样编织C

花样编织B

花样编织A

材　　料：中粗羊毛线浅黄色400g，
　　　　　纽扣5颗

工　　具：2/0号钩针

成品尺寸：衣长33.5cm、胸围55.5cm、肩袖长29cm

编织密度：花样编织A　20针×10行/10cm
　　　　　花样编织B　22针×15行/10cm

结构图

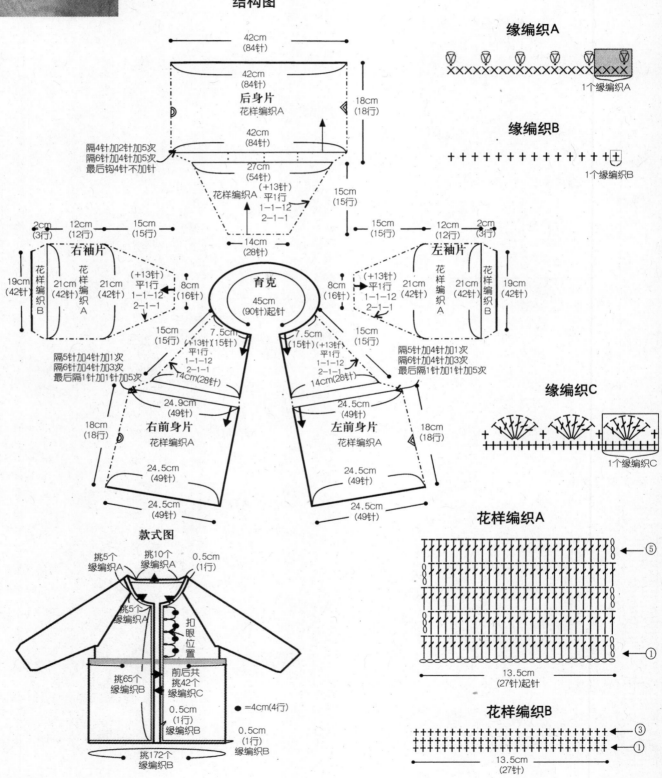

缘编织A

1个缘编织A

缘编织B

1个缘编织B

42cm
(84针)

42cm
(84针)

后身片
花样编织A

18cm
(18行)

隔4针加2针加5次
隔6针加4针加5次
最后钩4针不加针

42cm
(84针)

27cm
(54针)
(+13针)

15cm
(15行)

花样编织A　平1行
1-1-12
2-1-1

14cm
(28针)

2cm
(3行)　12cm
(12行)　15cm
(15行)

右袖片

花样编织B　花样编织A　花样编织A　花样编织B

19cm
(42针)　21cm
(42针)　21cm
(42针)

(+13针)
平1行
1-1-12
2-1-1

8cm
(16针)

15cm
(15行)　12cm
(12行)　2cm
(3行)

左袖片

(+13针)
平1行
1-1-12
2-1-1

花样编织A

19cm
(42针)

21cm
(42针)　21cm
(42针)

8cm
(16针)

育克
45cm
(90针)起针

15cm
(15行)(+13针)
平1行
1-1-12
2-1-1

7.5cm
(15行)　7.5cm
(15行)(+13针)
平1行
1-1-12
2-1-1

15cm
(15行)

隔5针加4针加1次
隔6针加4针加3次
最后隔1针加1针加5次

14cm(28针)

隔5针加4针加1次
隔6针加4针加3次
最后隔1针加1针加5次

14cm(28针)

缘编织C

1个缘编织C

24.9cm
(49针)

24.5cm
(49针)

18cm
(18行)

右前身片
花样编织A

左前身片
花样编织A

18cm
(18行)

24.5cm
(49针)　24.5cm
(49针)

24.5cm
(49针)　24.5cm
(49针)

款式图

挑5个
缘编织A　挑10个
缘编织A　0.5cm
(1行)

挑5个
缘编织A

扣眼位置

挑65个
缘编织B

前后共
挑42个
缘编织C

0.5cm
(1行)
缘编织B

●=4cm(4行)

0.5cm
(1行)

0.5cm
(1行)
缘编织B

挑172个
缘编织B

花样编织A

⑤

①

13.5cm
(27针)起针

花样编织B

③

①

13.5cm
(27针)

材　　料：中粗羊毛线湖蓝色250g、黄色30g

成品尺寸：衣长31.5cm、胸围53cm、背肩宽21cm

工　　具：2/0号钩针

编织密度：参考花样编织图

结构图

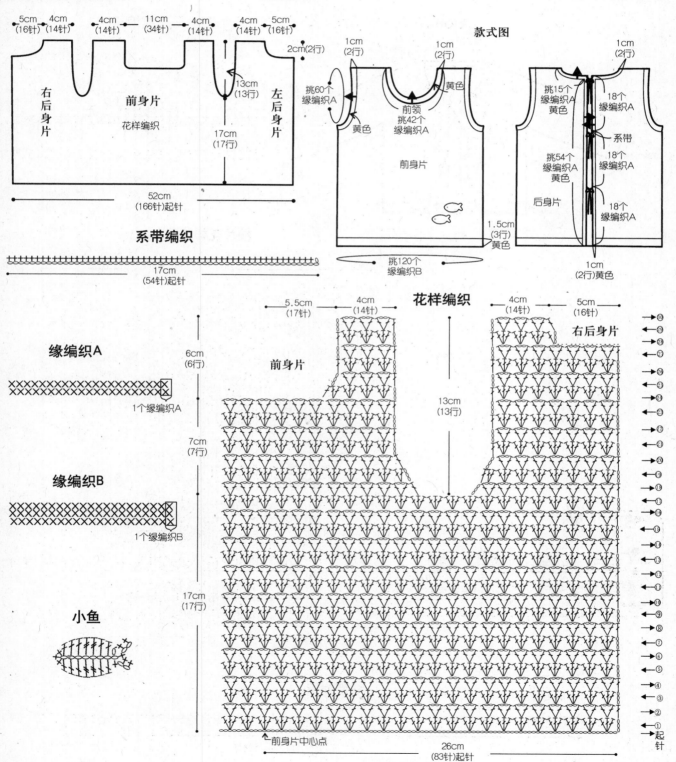

5cm（16针）　4cm（14针）　4cm（14针）　11cm（34针）　4cm（14针）　4cm（14针）　5cm（16针）

2cm（2行）

右后身片

前身片
花样编织

左后身片

13cm（13行）

17cm（17行）

52cm（166针）起针

款式图

1cm（2行）

1cm（2行）

挑60个缘编织A

黄色

前领
挑42个缘编织A

黄色

前身片

1.5cm（3行）黄色

挑120个缘编织B

1cm（2行）

挑15个缘编织A黄色

18个缘编织A

系带

挑54个缘编织A黄色

18个缘编织A

后身片

18个缘编织A

1cm（2行）黄色

系带编织

17cm（54针）起针

缘编织A

6cm（6行）

1个缘编织A

缘编织B

7cm（7行）

1个缘编织B

17cm（17行）

小鱼

花样编织

5.5cm（17针）　4cm（14针）

4cm（14针）　5cm（16针）

前身片

右后身片

13cm（13行）

17cm（17行）

前身片中心点

26cm（83针）起针

⑩⑨㉙㉘㉗㉖㉕㉔㉓㉒㉑⑳⑲⑱⑰⑯⑮⑭⑬⑫⑪⑩⑨⑧⑦⑥⑤④③②①

起针

153

材　料：中细羊毛线橘粉色350g

成品尺寸：衣长36.5cm、胸围71cm、背肩宽27.5cm、
袖长22.5cm

工　具：2/0号钩针

编织密度：花样编织　28针×14行/10cm

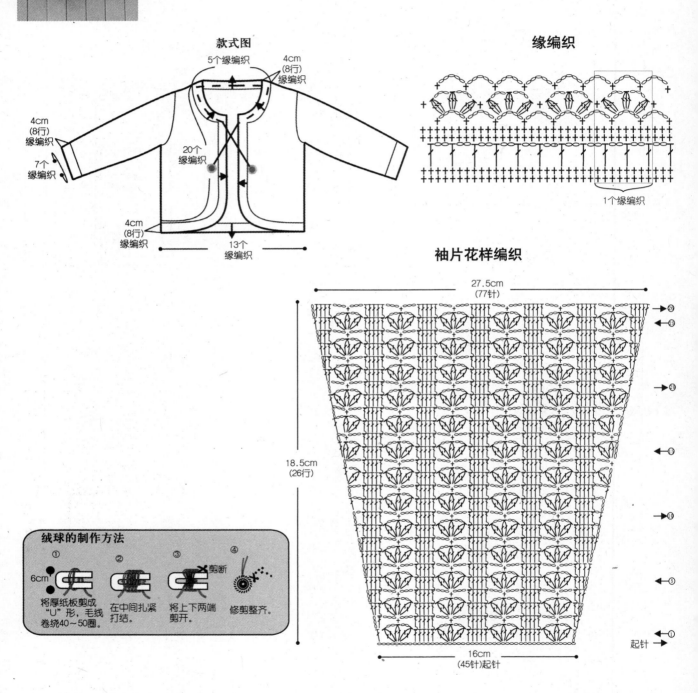

款式图

5个缘编织

4cm
(8行)
缘编织

4cm
(8行)
缘编织

7个
缘编织

20个
缘编织

4cm
(8行)
缘编织

13个
缘编织

缘编织

1个缘编织

袖片花样编织

27.5cm
(77针)

18.5cm
(26行)

16cm
(45针)起针

起针

绒球的制作方法

① 将厚纸板剪成
"U"形,毛线
卷绕40～50圈。

6cm

② 在中间扎紧
打结。

③ 将上下两端
剪开。

剪断

④ 修剪整齐。

系带编织

90cm
(225针)起针

154

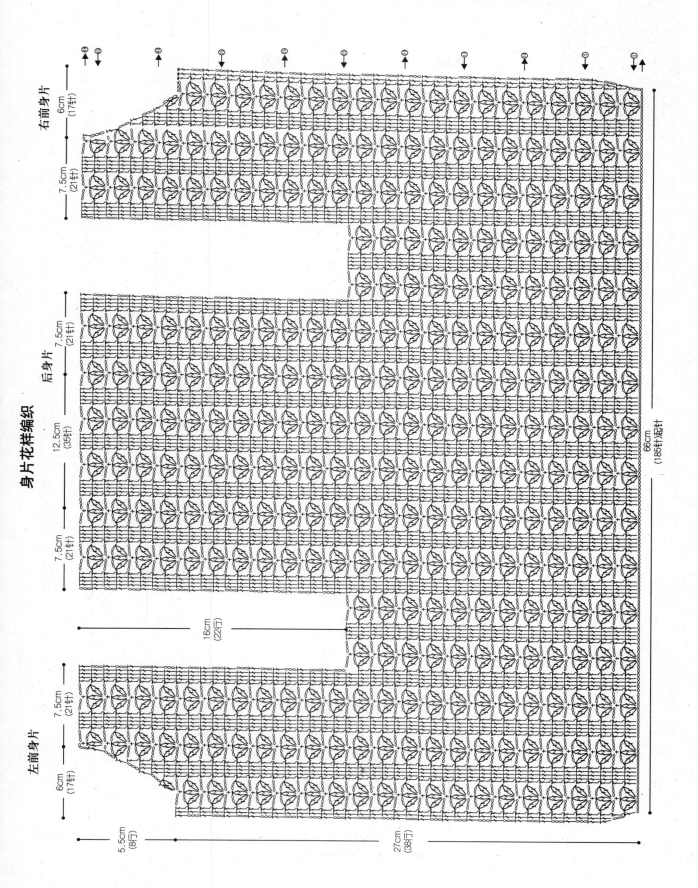

身片花样编织

右前身片

左前身片

后身片

材　　料：中细毛线灰色150g、
　　　　　粉红色30g，纽扣3颗

工　　具：3.0mm棒针

成品尺寸：衣长32.5cm、胸围54cm、背肩宽23cm、
　　　　　袖长19cm

编织密度：下针编织、上下针编织
　　　　　30针×38行/10cm

结构图

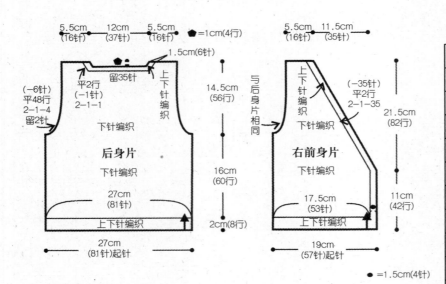

5.5cm（16针）　12cm（37针）　5.5cm（16针）　★=1cm(4行)

5.5cm（16针）　11.5cm（35针）

平2行（−1针）2−1−1

留35针

（−6针）平48行2−1−4留2针

上下针编织

后身片

下针编织

下针编织

27cm（81针）

上下针编织

27cm（81针）起针

14.5cm（56行）

16cm（60行）

2cm（8行）

上下针编织

（−35针）平2行2−1−35

下针编织

右前身片

下针编织

与后身片片相同

17.5cm（53针）

上下针编织

19cm（57针）起针

21.5cm（82行）

11cm（42行）

●=1.5cm(4针)

4−1−15平4行（−15针）

26cm（78针）起针

袖片

下针编织

上下针编织

16cm（48针）

17cm（64行）

2cm（8行）

配色表

第47～60行	灰色
第45～46行	粉红色
第43～44行	灰色
第41～42行	粉红色
第39～40行	灰色
第37～38行	粉红色
第35～36行	灰色
第33～34行	粉红色
第31～32行	灰色
第29～30行	粉红色
第27～28行	灰色
第25～26行	粉红色
第23～24行	灰色
第21～22行	粉红色
第19～20行	灰色
第17～18行	粉红色
第15～16行	灰色
第13～14行	粉红色
第1～12行	灰色

款式图

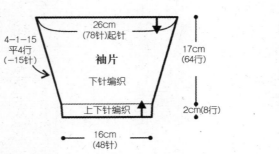

暗扣位置

★=3.5cm（14行）

材　　料：中粗羊毛线橘粉色300g

成品尺寸：衣长47.5cm、胸围69.5cm、背肩宽33cm、袖长37.5cm

工　　具：3.6mm棒针

编织密度：花样编织、下针编织、双罗纹编织 23针×35行/10cm

结构图

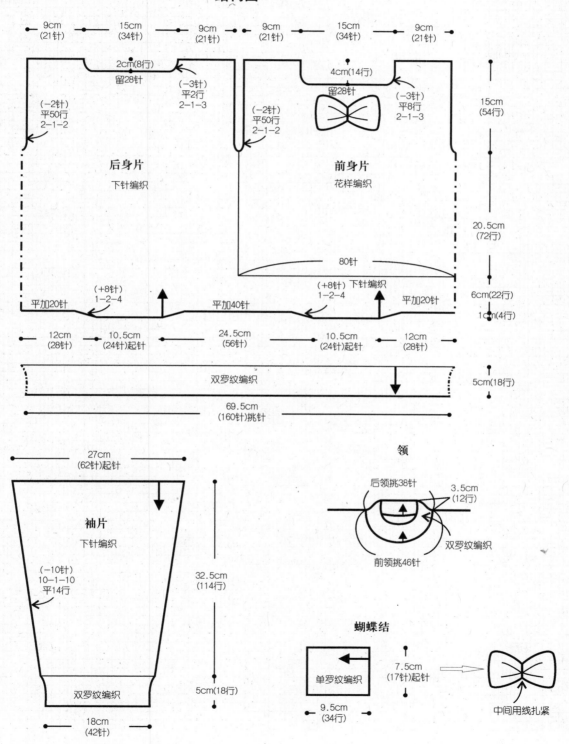

9cm（21针）　15cm（34针）　9cm（21针）　9cm（21针）　15cm（34针）　9cm（21针）

2cm(8行) 留28针

（-3针）平2行 2-1-3

4cm(14行) 留28针

（-3针）平8行 2-1-3

15cm（54行）

（-2针）平50行 2-1-2

（-2针）平50行 2-1-2

后身片 下针编织

前身片 花样编织

20.5cm（72行）

80针

（+8针）1-2-4

平加20针　平加40针　平加20针

（+8针）1-2-4 下针编织

6cm（22行）

1cm（4行）

12cm（28针）　10.5cm（24针）起针　24.5cm（56针）　10.5cm（24针）起针　12cm（28针）

双罗纹编织

5cm(18行)

69.5cm（160针）挑针

27cm（62针）起针

袖片 下针编织

（-10针）10-1-10 平14行

32.5cm（114行）

5cm(18行)

18cm（42针）

领

后领挑38针

3.5cm（12行）

双罗纹编织

前领挑46针

蝴蝶结

单罗纹编织

7.5cm（17针）起针

9.5cm（34行）

中间用线扎紧

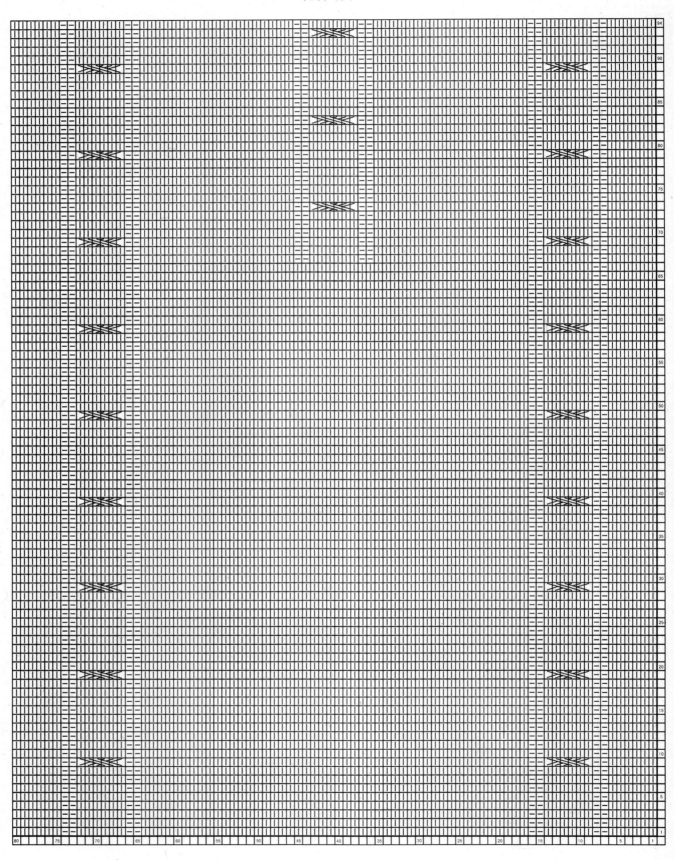

158

材 料：中粗羊毛线灰色150g、
紫色30g，纽扣2颗

工 具：3.0mm棒针

成品尺寸：衣长34.5cm、胸围51cm、背肩宽28cm

编织密度：下针编织、上下针编织、双罗纹编织
30针×34行/10cm

结构图

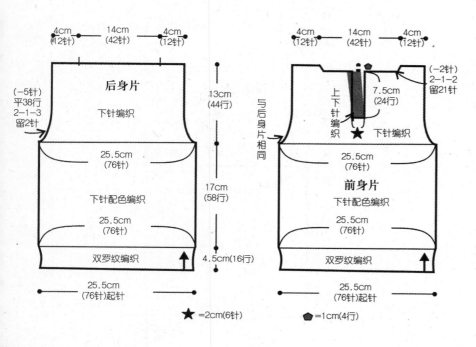

后身片
下针编织

4cm（12针） 14cm（42针） 4cm（12针）

（-5针）平38行2-1-3留2针

13cm（44行）

25.5cm（76针）

下针配色编织

17cm（58行）

25.5cm（76针）

双罗纹编织

4.5cm（16行）

25.5cm（76针）起针

★=2cm（6针）

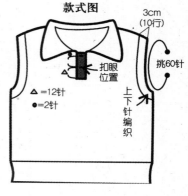

4cm（12针） 14cm（42针） 4cm（12针）

上下针编织

7.5cm（24行）

（-2针）2-1-2留21针

下针编织

与后身片相同

前身片
下针编织配色编织

25.5cm（76针）

25.5cm（76针）

双罗纹编织

25.5cm（76针）起针

⬠=1cm（4行）

款式图

3cm（10行）

挑60针

扣眼位置

△=12针
●=2针

上下针编织

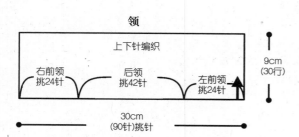

领

上下针编织

右前领挑24针　后领挑42针　左前领挑24针

9cm（30行）

30cm（90针）挑针

下针配色表

第45~58行	灰色
第41~44行	紫色
第37~40行	灰色
第33~36行	紫色
第29~32行	灰色
第25~28行	紫色
第21~24行	灰色
第17~20行	紫色
第13~16行	灰色
第9~12行	紫色
第1~8行	灰色

159

材　　料：中粗羊毛线浅粉色150g、　　　成品尺寸：衣长39cm、胸围65cm、背肩宽26.5cm
　　　　　橘红色200g

工　　具：2.5/0号钩针　　　　　　　　编织密度：花样编织　　20针×10行/10cm

结构图

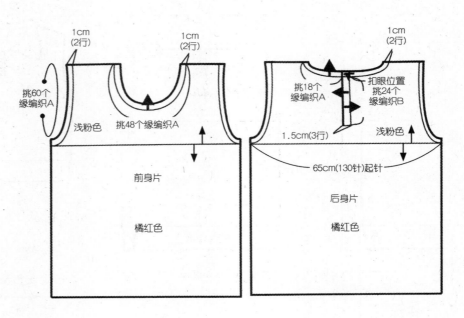

1cm
(2行)

1cm
(2行)

1cm
(2行)

挑60个
缘编织A

挑48个缘编织A

浅粉色

前身片

橘红色

挑18个
缘编织A

扣眼位置
挑24个
缘编织B

1.5cm(3行)

浅粉色

65cm(130针)起针

后身片

橘红色

缘编织A

1个缘编织A

缘编织B

1个缘编织B

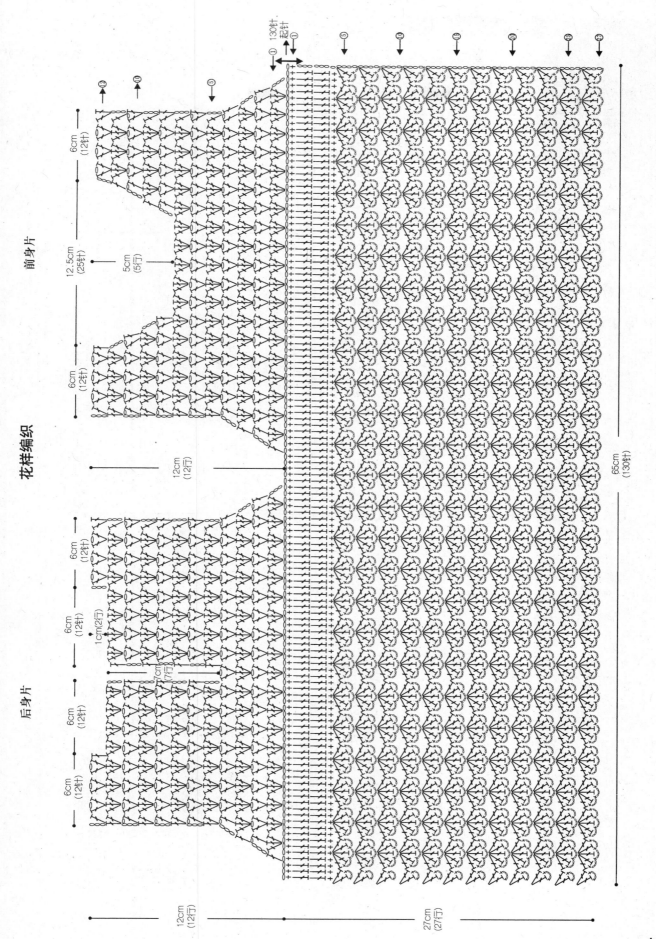

花样编织

前身片

后身片

材　料：中粗羊毛线红、粉、黄色段染250g

成品尺寸：衣长36cm、胸围70cm、背肩宽30cm

工　具：1.5/0号钩针

编织密度：参考花样编织图

结构图

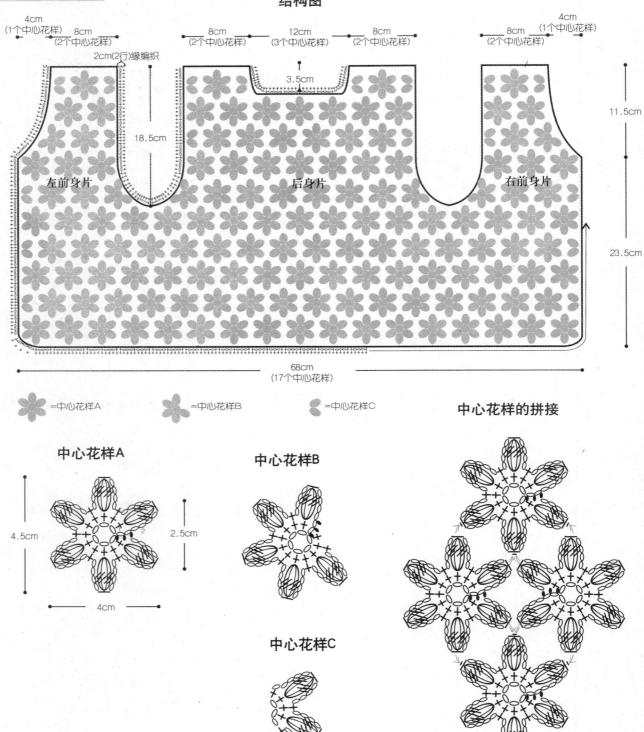

4cm
(1个中心花样)

8cm
(2个中心花样)

8cm
(2个中心花样)

12cm
(3个中心花样)

8cm
(2个中心花样)

8cm
(2个中心花样)

4cm
(1个中心花样)

2cm(2行)缘编织

3.5cm

11.5cm

18.5cm

左前身片

后身片

右前身片

23.5cm

68cm
(17个中心花样)

=中心花样A

=中心花样B

=中心花样C

中心花样的拼接

中心花样A

中心花样B

中心花样C

4.5cm

4cm

2.5cm

NO.26 彩图见第36页

材　　料：中粗羊毛线黄色300g，
　　　　咖啡色适量，纽扣8颗

工　　具：2/0号钩针

成品尺寸：织物长35cm、下摆围110cm

编织密度：花样编织　20针×12行/10cm

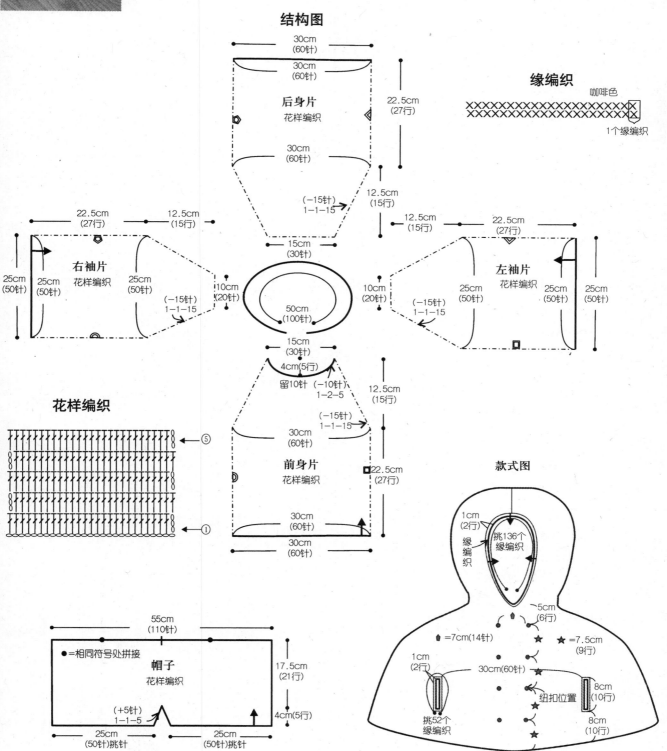

结构图

后身片
花样编织

30cm（60针）
30cm（60针）
22.5cm（27行）
30cm（60针）
（-15针）1-1-15
12.5cm（15行）
15cm（30针）

缘编织 咖啡色
1个缘编织

右袖片
花样编织
22.5cm（27行）
12.5cm（15行）
25cm（50针）
25cm（50针）
25cm（50针）
（-15针）1-1-15
10cm（20针）

50cm（100针）

左袖片
花样编织
12.5cm（15行）
22.5cm（27行）
（-15针）1-1-15
25cm（50针）
25cm（50针）
25cm（50针）
10cm（20针）

15cm（30针）
4cm（5行）
留10针（-10针）1-2-5
12.5cm（15行）
（-15针）1-1-15

花样编织
⑤
①

前身片
花样编织
30cm（60针）
22.5cm（27行）
30cm（60针）
30cm（60针）

款式图

挑136个缘编织
1cm（2行）
缘编织
5cm（6行）
=7cm（14针）
★=7.5cm（9行）
1cm（2行）
30cm（60针）
纽扣位置
8cm（10行）
挑52个缘编织
8cm（10行）

55cm（110针）

●=相同符号处拼接

帽子
花样编织

17.5cm（21行）

（+5针）1-1-5

4cm（5行）

25cm（50针）挑针
25cm（50针）挑针

163

材　　料：中粗羊毛线军绿色200g，大红色、浅绿色各适量

成品尺寸：围巾长180cm、宽23.5cm

工　　具：4.0mm棒针，2.5/0号钩针

编织密度：花样编织　17针×24行/10cm

结构图

围巾
花样编织

23.5cm
(40针)

23.5cm
(40针)
起针

180cm
(432行)

饰花编织

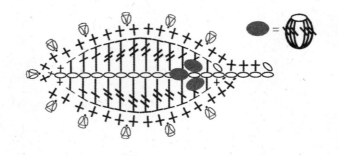

花样编织

款式图

NO.28 彩图见第39页

材　料：中粗毛绒线紫色150g、粉色20g

工　具：5.0mm棒针、2/0号钩针

成品尺寸：织物长70cm、宽18cm

编织密度：上下针编织　15针×20行/10cm
　　　　　花样编织　　16针×14行/10cm

结构图

上下针编织（紫色）

18cm
(27针)

18cm
(27针)起针

70cm
(140行)

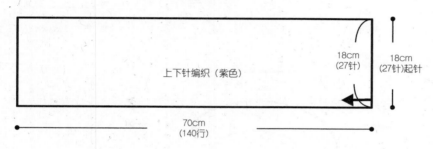

绒球的制作方法

① 将厚纸板剪成"U"形，毛线卷绕40～50圈。 6cm

② 在中间扎紧打结。

③ 将上下两端剪开。 剪断

④ 修剪整齐。

花样编织

粉色　蝴蝶结

7cm
(10行)

⑩

⑤

①

12.5cm
(20针)起针

饰扣

款式图

材　　料：中粗羊毛线橘粉色100g、
　　　　　浅蓝色200g，纽扣4颗

工　　具：3.0mm棒针

成品尺寸：衣长35.5cm、胸围61.5cm、肩袖长31cm

编织密度：花样编织、下针编织
　　　　　30针×40行/10cm

结构图

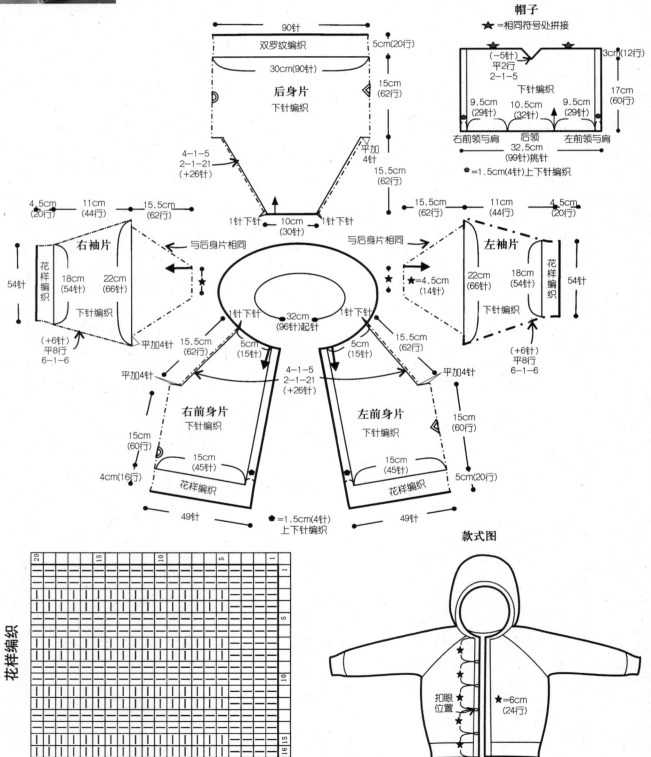

后身片
下针编织

90针

双罗纹编织

30cm(90针)

5cm(20行)

15cm(62行)

4-1-5
2-1-21
(+26针)

平加4针

15.5cm(62行)

1针下针　10cm(30针)　1针下针

右袖片

4.5cm(20行)　11cm(44行)　15.5cm(62行)

花样编织

54针

18cm(54针)　22cm(66针)

下针编织

(+6针)
平8行
6-1-6

平加4针

平加4针

右前身片
下针编织

15.5cm(62行)

5cm(15针)

4-1-5
2-1-21
(+26针)

15cm(60行)

15cm(45针)

4cm(16行)

花样编织

49针

★=6cm
(24行)

与后身片相同

32cm(96针)起针

1针下针

左前身片
下针编织

5cm(15针)

15.5cm(62行)

与后身片相同

★=4.5cm(14针)

左袖片

15.5cm(62行)　11cm(44行)　4.5cm(20行)

22cm(66针)　18cm(54针)

下针编织

花样编织

54针

(+6针)
平8行
6-1-6

平加4针

15cm(60行)

15cm(45针)

5cm(20行)

花样编织

49针

⬠=1.5cm(4针)
上下针编织

帽子

★=相同符号处拼接

(-5针)
平2行
2-1-5

下针编织

9.5cm(29针)　10.5cm(32针)　9.5cm(29针)

右前领与肩　后领　左前领与肩

32.5cm(99针)挑针

3cm(12行)

17cm(60行)

⬠=1.5cm(4针)上下针编织

款式图

扣眼位置

★=6cm(24行)

花样编织

166

NO.30 彩图见第41页

材　　料：中粗羊毛线紫色80g

工　　具：1.75/0号钩针

成品尺寸：织物展开长56cm、宽26cm

编织密度：参考花样编织图

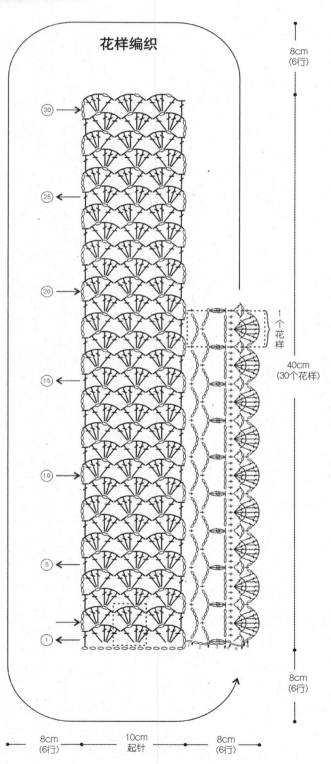

花样编织

8cm
(6行)

1个花样

40cm
(30个花样)

8cm
(6行)

8cm
(6行)　10cm
起针　　8cm
(6行)

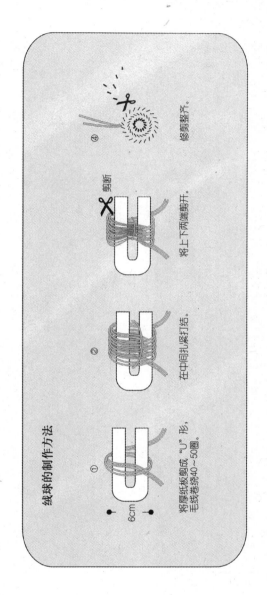

④ 修剪整齐。

剪断 将上下两端剪开。

② 在中间扣紧打结。

① 将厚纸板剪成"U"形，毛线卷绕40~50圈。

6cm

绒球的制作方法

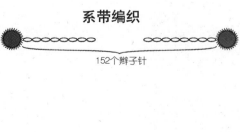

系带编织

152个辫子针

167

材　　料：中粗羊毛线粉红色70g

工　　具：3.0mm棒针

成品尺寸：帽深18cm、帽围37cm

编织密度：花样编织、单罗纹编织
28针×32行/10cm

结构图

2.5cm(8行)
9.5cm(30行)
2cm(6行)
4cm(12行)
2.5cm(8行)

3cm
(8针)

帽子

花样编织

花样编织

单罗纹编织

37cm
(104针)起针

款式图

花样编织

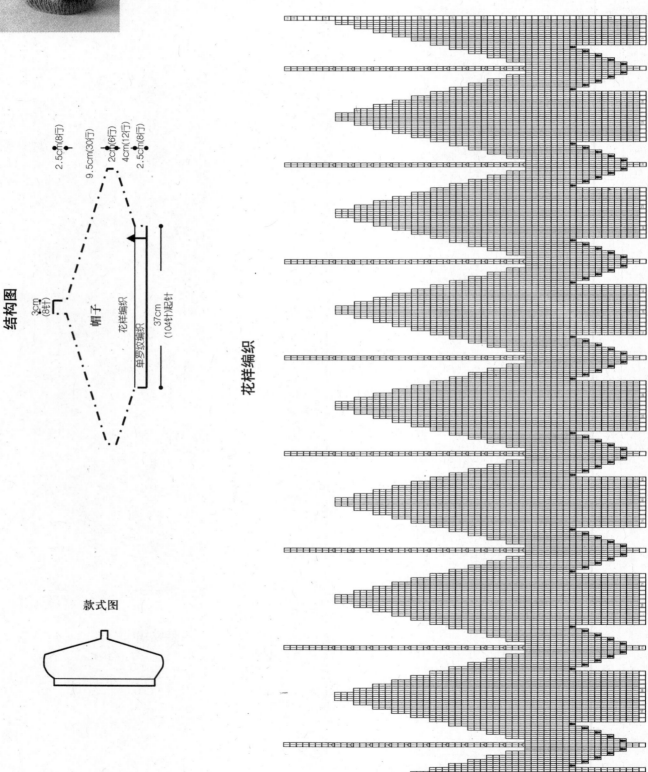

材　　料：中粗羊毛线枣红色80g

成品尺寸：帽深25.5cm、帽围40cm

工　　具：3.0mm棒针

编织密度：双罗纹编织、单罗纹编织
20针×30行/10cm

结构图

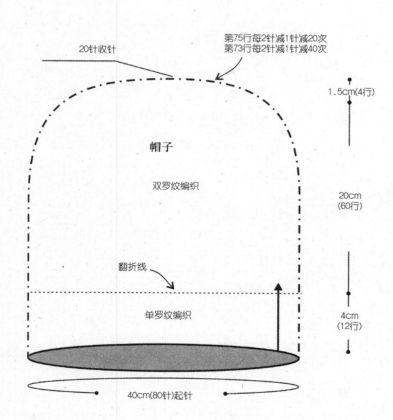

20针收针

第75行每2针减1针减20次
第73行每2针减1针减40次

1.5cm(4行)

帽子

双罗纹编织

20cm
(60行)

翻折线

单罗纹编织

4cm
(12行)

40cm(80针)起针

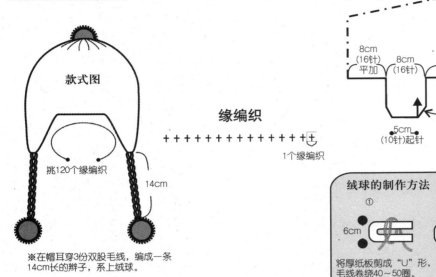

材　料：中粗羊毛线深紫色
100g，纽扣1颗

工　具：3.5mm棒针

成品尺寸：帽深27cm、帽围48cm

编织密度：花样编织　22针×25行/10cm

结构图

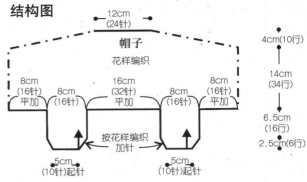

12cm
(24针)

帽子
花样编织

8cm
(16针)
平加

8cm
(16针)

16cm
(32针)
平加

8cm
(16针)

8cm
(16针)
平加

按花样编织
加针

5cm
(10针)起针

5cm
(10针)起针

4cm(10行)

14cm
(34行)

6.5cm
(16行)

2.5cm(6行)

款式图

挑120个缘编织

14cm

※在帽耳穿3份双股毛线，编成一条
14cm长的辫子，系上绒球。

缘编织

+ + + + + + + + + + + + + + + ↑

1个缘编织

绒球的制作方法

① 6cm
将厚纸板剪成"U"形，
毛线卷绕40~50圈。

② 在中间扎紧
打结。

③ 剪断
将上下两端
剪开。

④ 修剪整齐。

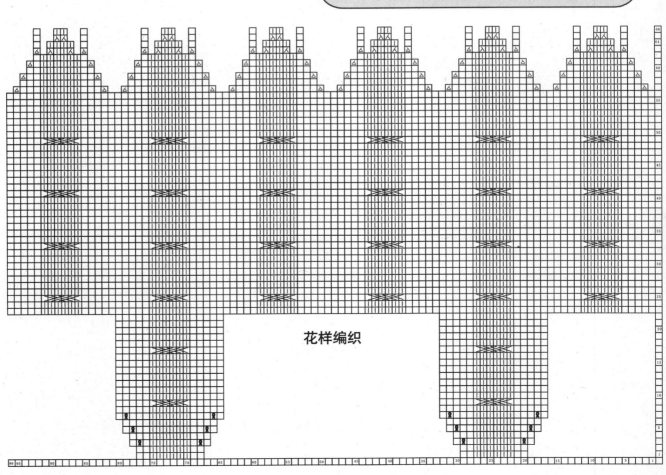

花样编织

材　料：中粗羊毛浅褐色80g，
　　　　纽扣4颗

成品尺寸：帽深19cm、帽围40cm

工　具：3.5mm棒针

编织密度：花样编织　20针×26行/10cm

结构图

10针收针

5cm
(14行)

花样编织　帽子

14cm
(36行)

纽扣位置

40cm
(80针)起针

花样编织

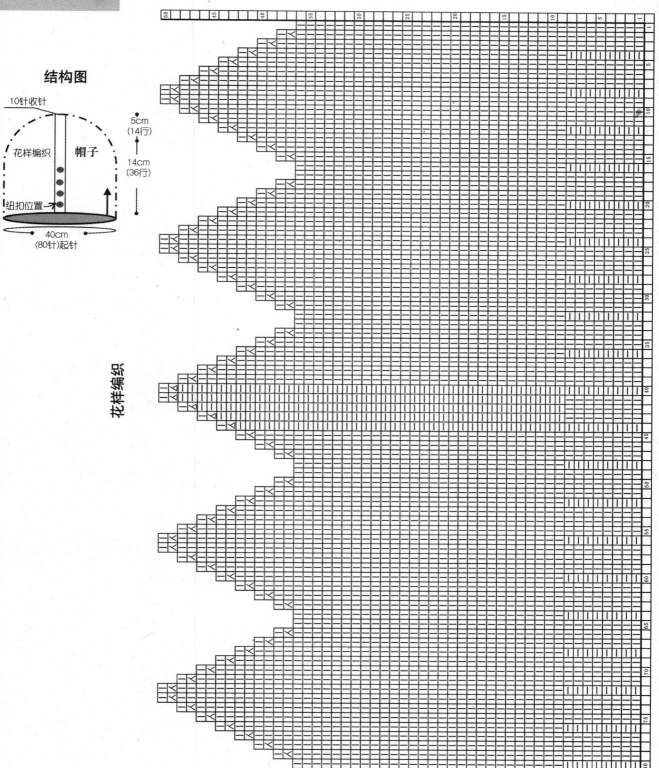

171

材　　料：围巾　中粗羊毛线紫粉色200g
　　　　　帽子　中粗羊毛线紫粉色300g

工　　具：4.5mm棒针

成品尺寸：围巾　长105cm、宽18cm
　　　　　帽子　帽围47.5cm、帽深29cm

编织密度：花样编织A、B，双罗纹编织
　　　　　16针×26行/10cm

线球的制作方法

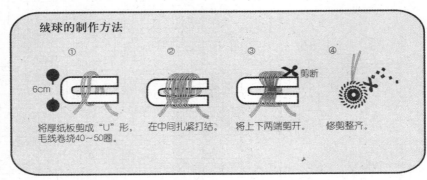

① 6cm 将厚纸板剪成"U"形，毛线卷绕40～50圈。
② 在中间扎紧打结。
③ 剪断 将上下两端剪开。
④ 修剪整齐。

结构图

双罗纹编织

围巾
花样编织A

18cm（39针）

双罗纹编织

18cm（29针）起针

4.5cm（12行）

96cm（250行）

4.5cm（12行）

花样编织A

围巾

款式图

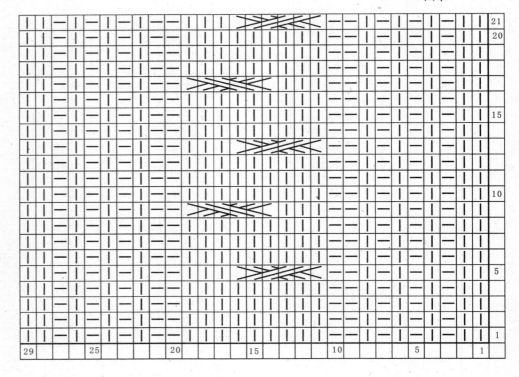

21 20 15 10 5 1

29 25 20 15 10 5 1

172

结构图

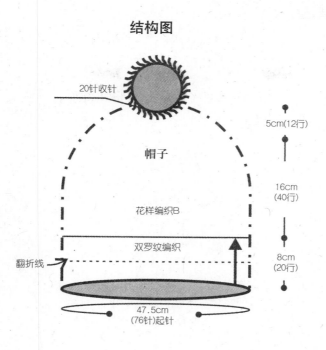

20针收针

帽子

花样编织B

双罗纹编织

翻折线

5cm(12行)

16cm
(40行)

8cm
(20行)

47.5cm
(76针)起针

花样编织B

帽子

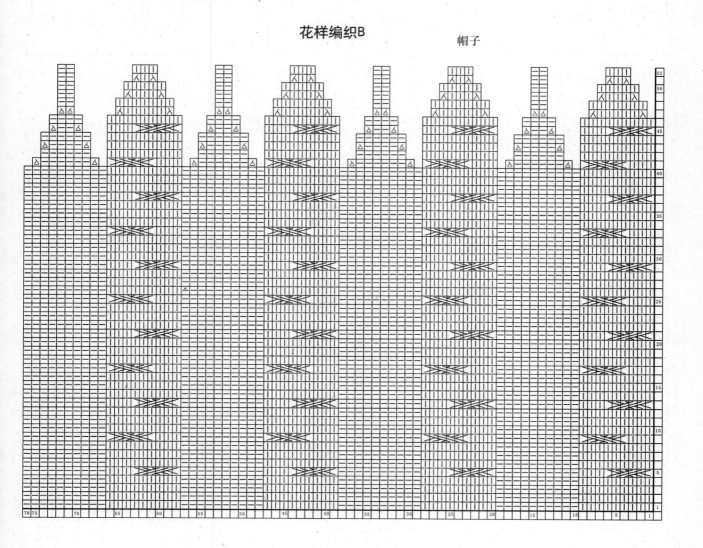

173

材　　料：中粗羊毛线浅紫色250g，纽扣2颗

工　　具：3.5mm棒针，2.5/0号钩针

成品尺寸：衣长42.5cm、胸围67cm、背肩宽20cm

编织密度：花样编织、下针编织、上下针编织
22针×32行/10cm

结构图

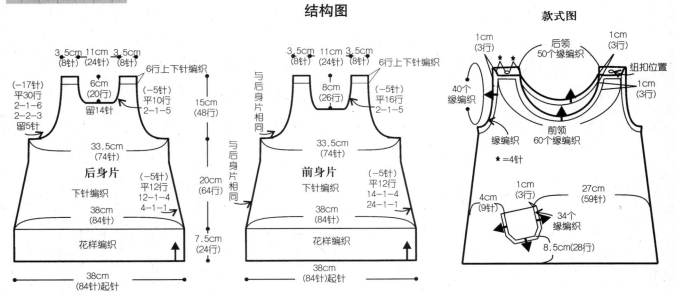

后身片

3.5cm（8针）　11cm（24针）　3.5cm（8针）

6行上下针编织

6cm（20行）　留14针

（−5针）平10行2-1-5

15cm（48行）

（−17针）平30行2-1-6　2-2-3　留5针

33.5cm（74针）

下针编织

20cm（64行）

（−5针）平12行12-1-4　4-1-1

38cm（84针）

花样编织

7.5cm（24行）

38cm（84针）起针

与后身片相同

前身片

3.5cm（8针）　11cm（24针）　3.5cm（8针）

6行上下针编织

8cm（26行）

（−5针）平16行2-1-5

33.5cm（74针）

下针编织

（−5针）平12行14-1-4　24-1-1

38cm（84针）

花样编织

38cm（84针）起针

与后身片相同

款式图

1cm（3行）

后领 50个缘编织

1cm（3行）

纽扣位置

1cm（3行）

40个缘编织

缘编织

前领 60个缘编织

★=4针

4cm（9针）

1cm（3行）

27cm（59针）

34个缘编织

8.5cm（28行）

口袋

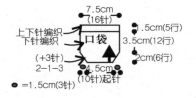

7.5cm（16针）

上下针编织　下针编织

口袋

1.5cm（5行）

3.5cm（12行）

2cm（6行）

（+3针）2-1-3

4.5cm（10针）起针

●=1.5cm（3针）

缘编织

+++++++++++++++
+++++++++++++++

1个缘编织

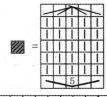

花样编织

24

20

15

10

5

1

51　45　40　35　30　25　20　15　10　5　1

↑中心点

NO.37 彩图见第48页

材　料：中粗羊毛线浅灰色250g

成品尺寸：衣长39cm、胸围56cm、背肩宽22cm、
袖长6cm

工　具：2.5/0号钩针

编织密度：参考花样编织图

结构图

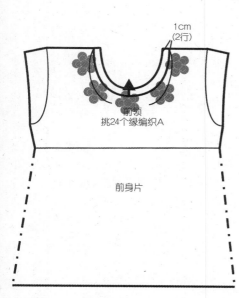

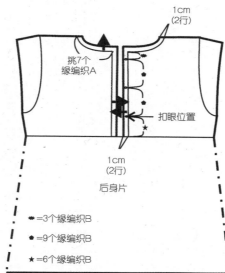

1cm
(2行)

前领
挑24个缘编织A

前身片

1cm
(2行)

挑7个
缘编织A

扣眼位置

后身片

1cm
(2行)

◆=3个缘编织B

★=9个缘编织B

★=6个缘编织B

饰花编织

缘编织A

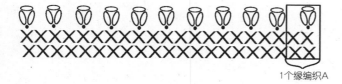

1个缘编织A

缘编织B

1个缘编织B

花样编织B

袖片

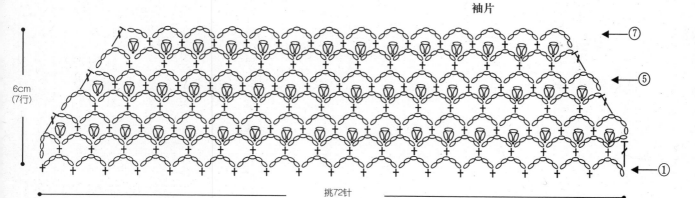

6cm
(7行)

⑦

⑤

①

挑72针

175

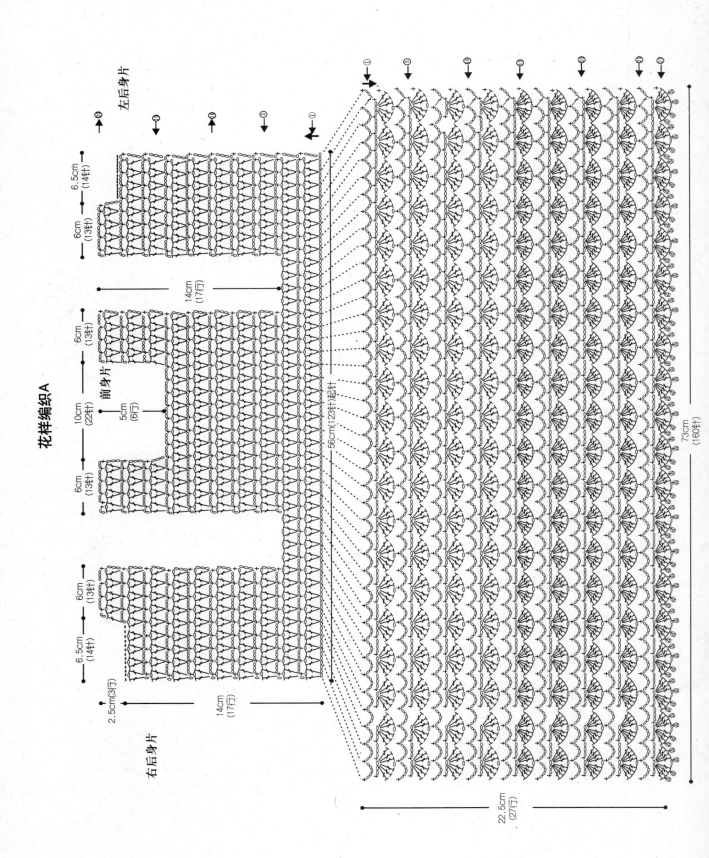

花样编织A

左后身片

前身片

右后身片

6.5cm(14针)

6cm(13针)

14cm(17行)

6cm(13针)

10cm(22针)

5cm(6行)

6cm(13针)

14cm(17行)

6cm(13针)

6.5cm(14针)

2.5cm(3行)

56cm(123针)起针

73cm(160针)

22.5cm(27行)

材　料：中细毛线粉色150g，纽扣4颗

成品尺寸：裙长40cm、胸围56cm、背肩宽24.5cm

工　具：3.9mm棒针、5/0号钩针

编织密度：花样编织　23针×28行/10cm

结构图

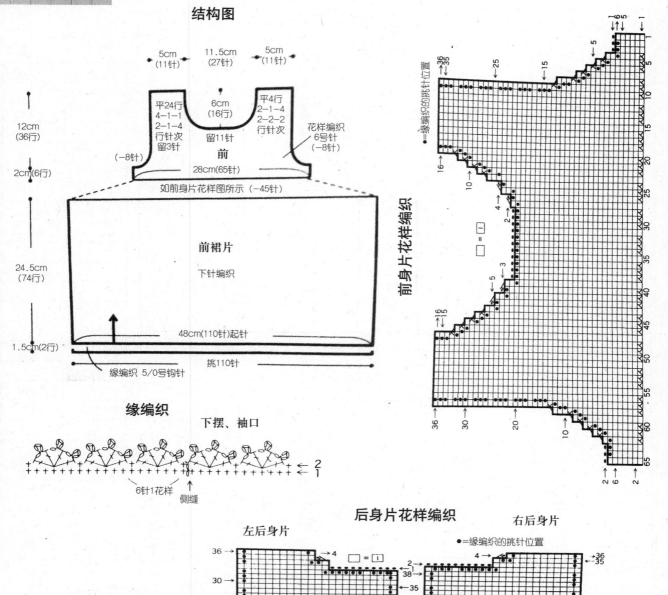

12cm（36行）

2cm（6行）

24.5cm（74行）

1.5cm（2行）

5cm（11针）　11.5cm（27针）　5cm（11针）

平24行 4-1-1 2-1-4 行针次 留3针

6cm（16行）留11针

平4行 4-1-4 2-2-2 行针次

花样编织 6号针 （-8针）

（-8针）

前

28cm（65针）

如前身片花样图所示（-45针）

前裙片

下针编织

48cm（110针）起针

挑110针

缘编织 5/0号钩针

缘编织

下摆、袖口

6针1花样　侧缝

前身片花样编织

●=缘编织的挑针位置

□ = ①

后身片花样编织

左后身片　　　　右后身片

●=缘编织的挑针位置

□ = ①

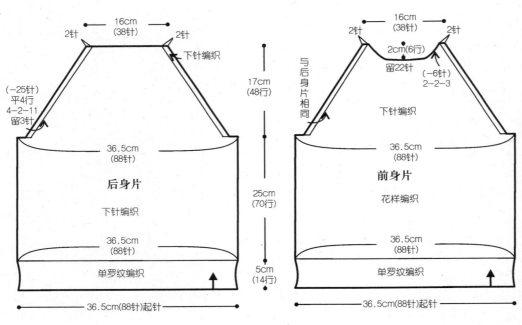

NO.39 彩图见第50页

材　料：中粗羊毛线蓝色400g，白色30g，大红色、褐色、黑色、黄色各适量

工　具：3.0mm棒针

成品尺寸：衣长47cm、胸围73cm、肩袖长43.5cm

编织密度：花样编织、下针编织、单罗纹编织24针×28行/10cm

结构图

后身片

16cm（38针）
2针　　2针
下针编织
（−25针）平4行4−2−11留3针
17cm（48行）
36.5cm（88针）
下针编织
25cm（70行）
36.5cm（88针）
单罗纹编织
5cm（14行）
36.5cm（88针）起针

前身片

16cm（38针）
2针　　2针
2cm（6行）留22针
（−6针）2−2−3
与后身片相同
下针编织
36.5cm（88针）
花样编织
36.5cm（88针）
单罗纹编织
36.5cm（88针）起针

袖片

10cm（24针）
2针　　2针
下针编织（配色）
（−25针）平2行4−2−11留3针
16.5cm（46行）
30cm（72针）
下针编织
（+9针）平6行6−1−88−1−1
22cm（62行）
23cm（56针）
隔3针加1针加1次隔5针加1针加8次隔3针加1针加1次
单罗纹编织
5cm（14行）
19cm（46针）起针

领

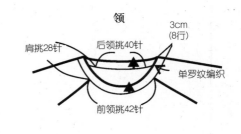

3cm（8行）
肩挑28针　后领挑40针
单罗纹编织
前领挑42针

配色表

第43~46行	蓝色
第41~42行	白色
第39~40行	蓝色
第37~38行	白色
第35~36行	蓝色
第33~34行	白色
第31~32行	蓝色
第29~30行	白色
第27~28行	蓝色
第25~26行	白色
第23~24行	蓝色
第21~22行	白色
第19~20行	蓝色
第17~18行	白色
第15~16行	蓝色
第13~14行	白色
第11~12行	蓝色
第9~10行	白色
第7~8行	蓝色
第5~6行	白色
第1~4行	蓝色

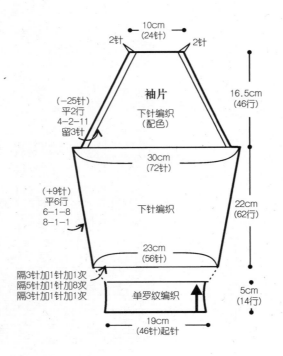

花样编织

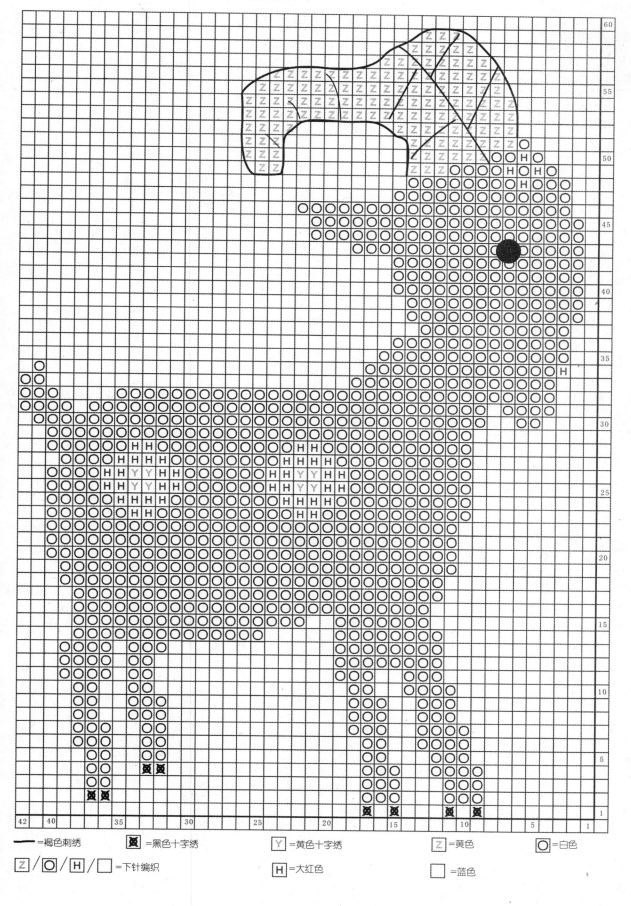

材　料：中粗羊毛线橘色300g，
　　　　白色30g、红色、黄色、
　　　　灰色、褐色、黑色适量

工　具：3.9mm棒针

成品尺寸：衣长43cm、胸围70cm、肩袖长43cm

编织密度：花样编织、下针编织、双罗纹编织
　　　　　25针×32行/10cm

结构图

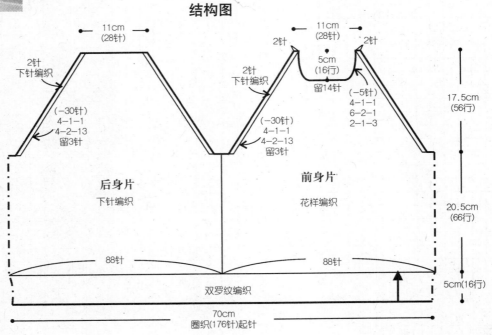

11cm
(28针)

2针
下针编织

(−30针)
4−1−1
4−2−13
留3针

后身片

下针编织

88针

11cm
(28针)

2针

2针

5cm
(16行)

留14针

2针
下针编织

前身片

花样编织

(−30针)
4−1−1
4−2−13
留3针

(−5针)
4−1−1
6−2−1
2−1−3

17.5cm
(56行)

20.5cm
(66行)

88针

双罗纹编织

5cm(16行)

70cm
圈织(176针)起针

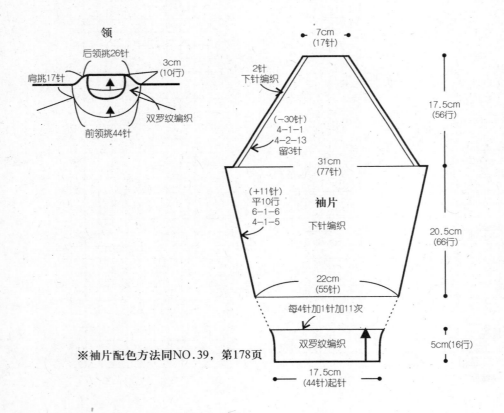

领

后领挑26针

肩挑17针

3cm
(10行)

双罗纹编织

前领挑44针

7cm
(17针)

2针
下针编织

(−30针)
4−1−1
4−2−13
留3针

31cm
(77针)

袖片

下针编织

(+11针)
平10行
6−1−6
4−1−5

17.5cm
(56行)

20.5cm
(66行)

22cm
(55针)

每4针加1针加11次

双罗纹编织

5cm(16行)

17.5cm
(44针)起针

※袖片配色方法同NO.39，第178页

180

花样编织

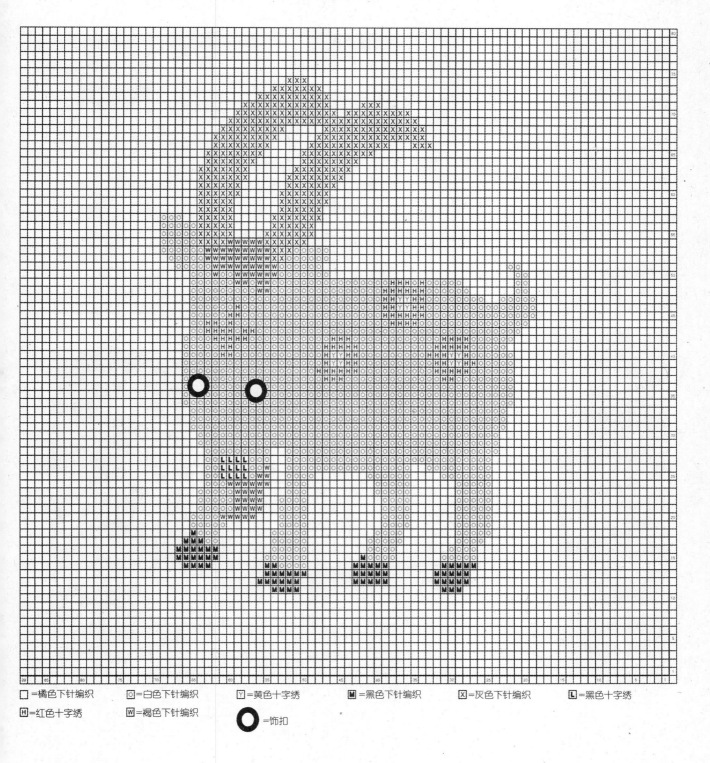

□=橘色下针编织　　　◎=白色下针编织　　　Y=黄色十字绣　　　M=黑色下针编织　　　X=灰色下针编织　　　L=黑色十字绣

H=红色十字绣　　　W=褐色下针编织　　　⭕=饰扣

材　料：中粗棉线蓝色160g、
白色100g、黑色20g，
纽扣2颗

成品尺寸：衣长38cm、胸围64cm、背肩宽18.5cm

工　具：3.0mm棒针

编织密度：花样编织、下针编织、单罗纹编织
26针×36行/10cm

结构图

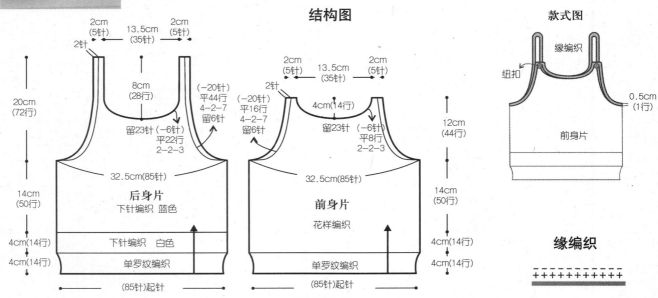

2cm (5针)　13.5cm (35针)　2cm (5针)

2针

20cm (72行)

8cm (28行)

(−20针) 平44行 4-2-7 留6针

留23针 (−6行) 平22行 2-2-3

32.5cm (85针)

14cm (50行)

后身片
下针编织　蓝色

下针编织　白色

单罗纹编织

(85针)起针

4cm (14行)

4cm (14行)

2cm (5针)　13.5cm (35针)　2cm (5针)

2针

4cm (14行)

(−20针) 平16行 4-2-7 留6针

留23针 (−6行) 平8行 2-2-3

32.5cm (85针)

前身片

花样编织

单罗纹编织

(85针)起针

12cm (44行)

14cm (50行)

4cm (14行)

4cm (14行)

款式图

缘编织

纽扣

前身片

0.5cm (1行)

缘编织

+++++++++++

花样编织

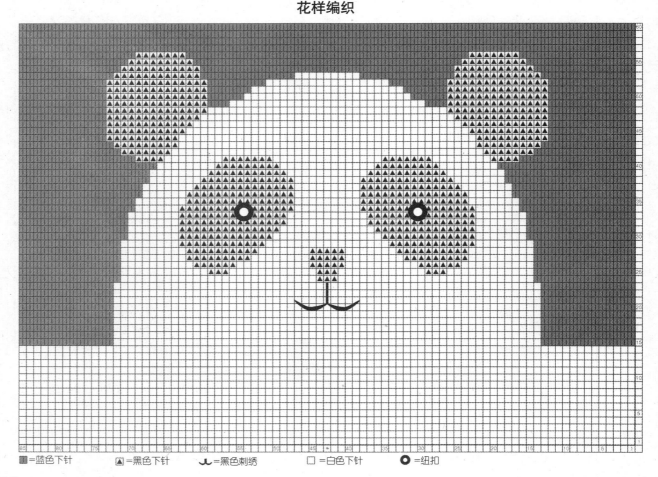

■=蓝色下针　　▲=黑色下针　　ᴗ=黑色刺绣　　□=白色下针　　◉=纽扣

NO.42 彩图见第53页

材　料：中粗羊毛线浅灰色250g、褐色50g，纽扣4颗

成品尺寸：衣长44cm、胸围70cm、背肩宽26cm、袖长35cm

工　具：3.9mm棒针，1.75/0号钩针

编织密度：花样编织A、B，下针编织，双罗纹编织26针×32行/10cm

结构图

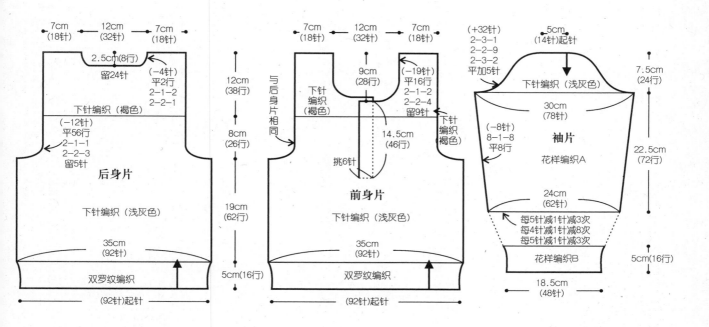

后身片：
- 7cm（18针）　12cm（32针）　7cm（18针）
- 2.5cm（8行）　留24针
- （-4针）平2行 2-1-2 2-2-1
- 下针编织（褐色）
- （-12针）平56行 2-1-1 2-2-3 留5针
- 下针编织（浅灰色）
- 35cm（92针）
- 双罗纹编织
- （92针）起针
- 12cm（38行）　8cm（26行）　19cm（62行）　5cm（16行）

前身片：
- 7cm（18针）　12cm（32针）　7cm（18针）
- 下针编织（褐色）
- 9cm（28行）
- （-19针）平16行 2-1-2 2-2-4 留9针
- 下针编织（褐色）
- 14.5cm（46行）
- 挑6针
- 与后身片相同
- 下针编织（浅灰色）
- 35cm（92针）
- 双罗纹编织
- （92针）起针

袖片：
- （+32针）2-3-1 2-2-9 2-3-2 平加5针
- 5cm（14针）起针
- 下针编织（浅灰色）
- 30cm（78针）
- 7.5cm（24行）
- （-8针）8-1-8 平8行
- 袖片 花样编织A
- 24cm（62针）
- 22.5cm（72行）
- 每5针减1针减3次 每4针减1针减8次 每5针减1针减3次
- 花样编织B
- 5cm（16行）
- 18.5cm（48针）

领

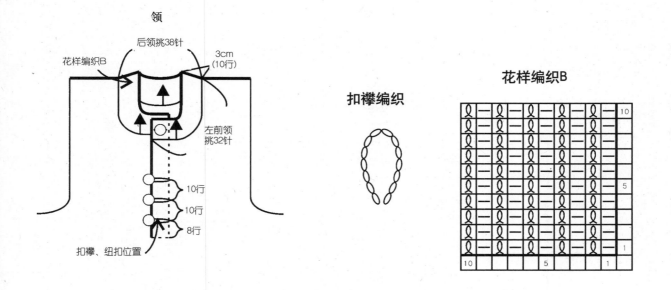

领：
- 花样编织B
- 后领挑38针
- 3cm（10行）
- 左前领挑32针
- 10行　10行　8行
- 扣襻、纽扣位置

扣襻编织

花样编织B

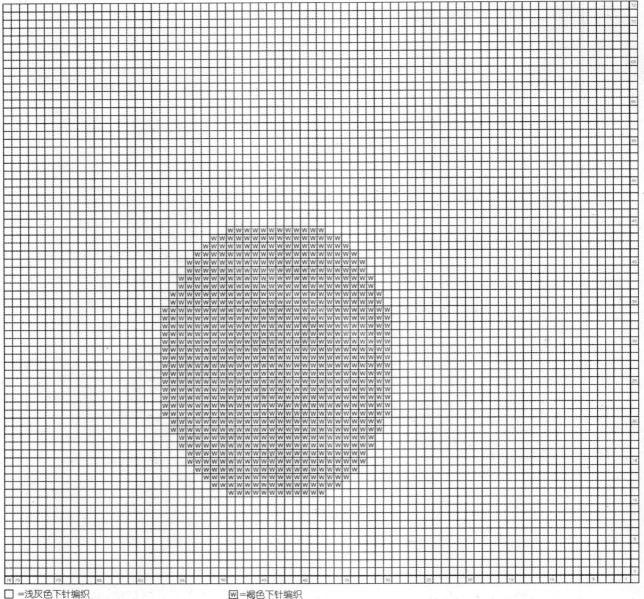

□ =浅灰色下针编织　　　　　　　　w =褐色下针编织

上接第185页

花样编织A

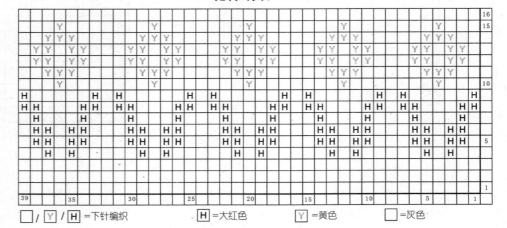

□/ Y / H =下针编织　　　　H =大红色　　　　Y =黄色　　　　□ =灰色

184

NO.43 彩图见第54页

材　料：中粗羊毛线灰色400g，藏青色50g，大红色、黄色、白色；黑色各适量，纽扣6颗

成品尺寸：衣长46.5cm、胸围73.5cm、背肩宽28.5cm、袖长39cm

工　具：3.0mm棒针

编织密度：花样编织A、B，下针编织，单罗纹编织　26针×30行/10cm

结构图

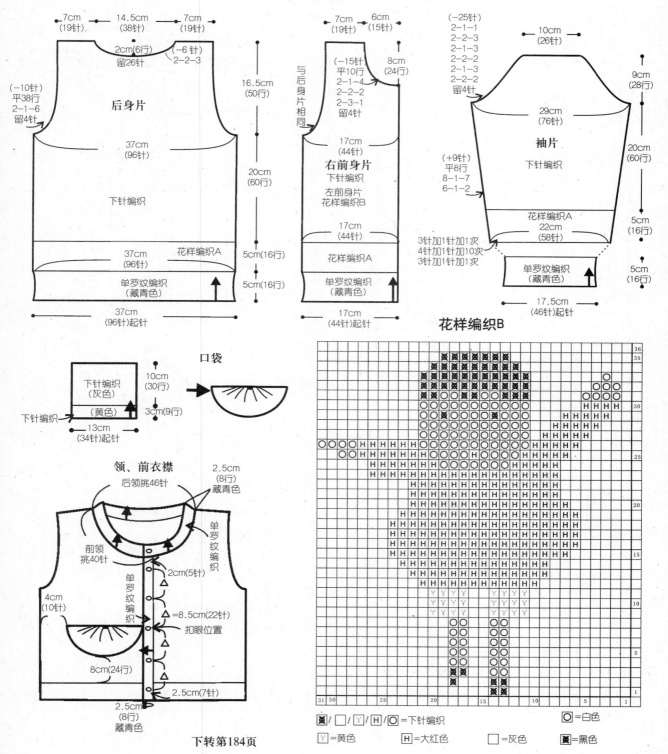

7cm（19针）　14.5cm（38针）　7cm（19针）
2cm（6行）留26针
（−6针）2-2-3
（−10针）平38行2-1-6留4针
后身片
37cm（96针）
下针编织
16.5cm（50行）
20cm（60行）
37cm（96针）
花样编织A
5cm（16行）
单罗纹编织（藏青色）
5cm（16行）
37cm（96针）起针

7cm（19针）　6cm（15针）
（−15针）平10行2-1-4　2-2-2　2-3-1留4针
8cm（24行）
与后身片相同
右前身片
下针编织
左前身片
花样编织B
17cm（44针）
17cm（44针）
花样编织A
单罗纹编织（藏青色）
17cm（44针）起针

（−25针）2-1-1　2-2-3　2-2-2　2-2-2　2-1-3　2-2-2留4针
10cm（26针）
袖片
下针编织
29cm（76针）
9cm（28行）
20cm（60行）
（+9针）平8行8-1-7　6-1-2
花样编织A
22cm（58针）
5cm（16行）
3针加1针加1次
4针加1针加10次
3针加1针加1次
单罗纹编织（藏青色）
5cm（16行）
17.5cm（46针）起针

口袋

下针编织（灰色）
下针编织
（黄色）
10cm（30行）
3cm（9行）
13cm（34针）起针

领、前衣襟

后领挑46针
2.5cm（8行）藏青色
前领挑40针
单罗纹编织
单罗纹编织
4cm（10针）
2cm（5针）
=8.5cm（22针）
扣眼位置
8cm（24行）
2.5cm（7针）
2.5cm（8行）藏青色

花样编织B

36
35
30
25
20
15
10
5
1
31 30　　25　　20　　15　　10　　5　　1

◪/□/⦿/H/○=下针编织　　○=白色

Y=黄色　　H=大红色　　□=灰色　　◪=黑色

下转第184页

185

材　　料：中粗羊毛线浅咖啡色450g，
纽扣5颗

工　　具：3.5mm棒针

成品尺寸：衣长45cm、胸围71.5cm、背肩宽31cm、
袖长32cm

编织密度：下针编织、上下针编织
20针×28行/10cm

结构图

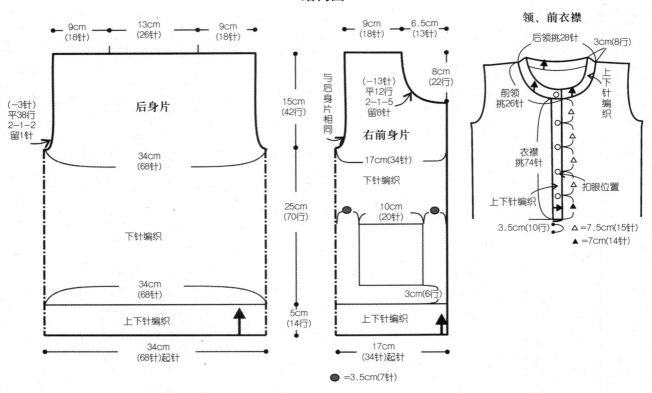

9cm
(18针)　　13cm　　9cm
(26针)　　(18针)

后身片

(-3针)
平38行
2-1-2
留1针

34cm
(68针)

下针编织

34cm
(68针)

上下针编织

34cm
(68针)起针

15cm
(42行)

25cm
(70行)

5cm
(14行)

9cm
(18针)　6.5cm
(13针)

8cm
(22行)

与后身片相同

(-13针)
平12行
2-1-5
留8针

右前身片

17cm(34针)

下针编织

10cm
(20针)

3cm(6行)

上下针编织

17cm
(34针)起针

⬤=3.5cm(7针)

领、前衣襟

后领挑28针　3cm(8行)

前领
挑26针

上
下
针
编
织

衣襟
挑74针

扣眼位置

上下针编织

3.5cm(10行)

△=7.5cm(15针)
▲=7cm(14针)

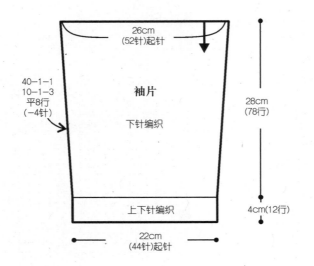

26cm
(52针)起针

40-1-1
10-1-3
平8行
(-4针)

袖片

下针编织

上下针编织

22cm
(44针)起针

28cm
(78行)

4cm(12行)

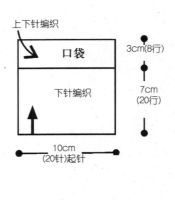

上下针编织

口袋

下针编织

10cm
(20针)起针

3cm(8行)

7cm
(20行)

NO.45 彩图见第57页

材　　料：中粗羊毛线浅蓝色450g、浅咖啡色20g，纽扣4颗

工　　具：2/0号钩针

成品尺寸：衣长31.5cm、胸围69cm、背肩宽28cm、袖长25.5cm

编织密度：花样编织A、B　22针×14行/10cm
　　　　　花样编织C　22针×18行/10cm

缘编织A配色

第3行	浅咖啡色
第1～2行	浅蓝色

缘编织B配色

第5行	浅咖啡色
第1～4行	浅蓝色

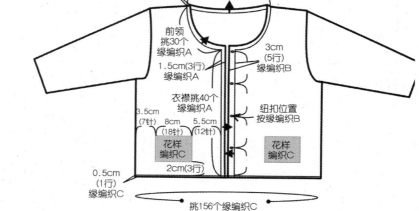

款式图

1.5cm（3行）缘编织A
后领挑138个 缘编织A
前领挑30个 缘编织A
1.5cm(3行) 缘编织A
3cm（5行） 缘编织B
衣襟挑40个 缘编织A
纽扣位置 按缘编织B
3.5cm（7针）
8cm（18针）
5.5cm（12针）
花样编织C
花样编织C
0.5cm（1行）缘编织C
2cm(3行)
挑156个缘编织C

花样编织B

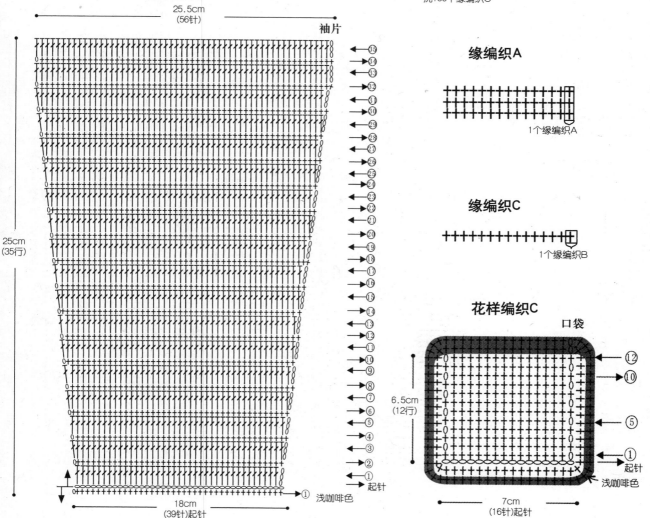

25.5cm（56针）
袖片
25cm（35行）
18cm（39针）起针
①浅咖啡色
起针

缘编织A

1个缘编织A

缘编织C

1个缘编织B

花样编织C

口袋
6.5cm（12行）
7cm（16针）起针
起针
浅咖啡色

结构图

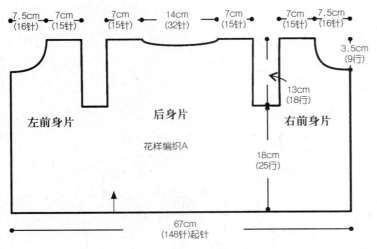

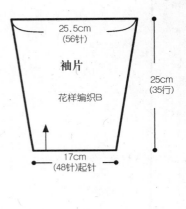

袖片

花样编织B

缘编织B

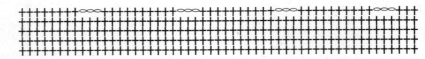

花样编织A

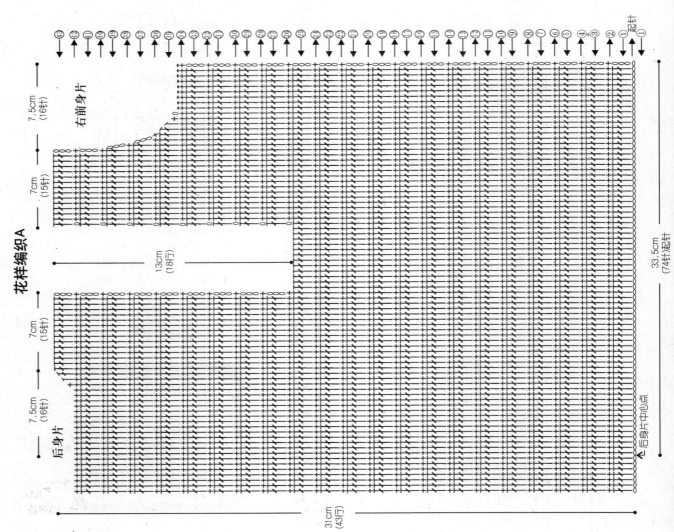

NO.46 彩图见第58页

材　料：中粗羊毛线浅粉色250g，
纽扣1颗

成品尺寸：衣长36cm、胸围70.5cm、背肩宽31cm、
袖长22cm

工　具：3.0mm棒针，1.75/0号钩针

编织密度：下针编织、双罗纹编织
28针×40行/10cm

结构图

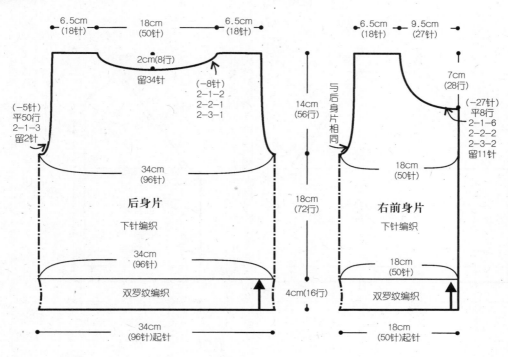

6.5cm
(18针)
18cm
(50针)
6.5cm
(18针)

2cm(8行)
留34针

(−8针)
2-1-2
2-2-1
2-3-1

(−5针)
平50行
2-1-3
留2针

34cm
(96针)

后身片

下针编织

34cm
(96针)

双罗纹编织

34cm
(96针)起针

14cm
(56行)

18cm
(72行)

4cm(16行)

6.5cm
(18针)
9.5cm
(27针)

与后身片相同

7cm
(28行)

(−27针)
平8行
2-1-6
2-2-2
2-3-2
留11针

18cm
(50针)

右前身片

下针编织

18cm
(50针)

双罗纹编织

18cm
(50针)起针

款式图

24cm
(68针)起针

10-1-4
8-1-4
平8行
(−8针)

袖片

下针编织

双罗纹编织

20cm
(80行)

2cm(8行)

18.5cm(52针)

1cm
(2行)
缘编织A

后领挑16个
缘编织A

前领
挑8个
缘编织A
饰扣位置

扣襻位置

衣襟
挑56个
缘编织B

0.5cm
(2行)
缘编织B

缘编织A

1个缘编织A

缘编织B

1个缘编织B

材　　料：中粗羊毛线深蓝色350g，
　　　　　纽扣4颗

工　　具：4.0mm棒针

成品尺寸：衣长32.5cm、胸围73cm、肩袖长30.5cm

编织密度：下针编织、单罗纹编织
　　　　　18针×26行/10cm

结构图

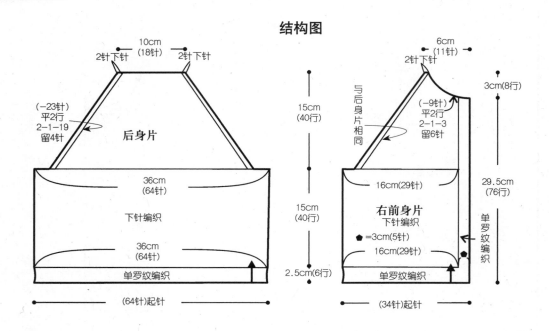

10cm
（18针）
2针下针　2针下针

（-23针）
平2行
2-1-19
留4针

后身片

36cm
（64针）

下针编织

36cm
（64针）

单罗纹编织

（64针）起针

15cm
（40行）

15cm
（40行）

2.5cm（6行）

6cm
（11针）
2针下针

与后身片相同

3cm（8行）

（-9针）
平2行
2-1-3
留6针

16cm（29针）

右前身片
下针编织
⬟=3cm（5针）

16cm（29针）

单罗纹编织

（34针）起针

29.5cm
（76行）

单罗纹编织

款式图

后片挑18针

上下针编织

肩袖挑14针

右前片
挑11针

扣襻位置

1.5cm
（4行）

★=6cm（16行）

★=4.5cm（12行）

开衩处
2.5cm
（6行）

扣襻编织

5.5cm
（10针）
2针下针　2针下针

（-20针）
平2行
4-1-3
2-1-13
留4针

袖片
下针编织

28cm
（50针）

（+5针）
平6行
4-1-2
6-1-2
8-1-1

22cm
（40针）

单罗纹编织

（40针）起针

15cm
（40行）

14cm
（34行）

12cm（20行）

材　料：中粗羊毛线浅蓝色400g

工　具：3.0mm棒针

成品尺寸：衣长43cm、胸围64cm、背肩宽26cm、袖长38cm

编织密度：花样编织A～D、双罗纹编织、下针编织　28针×30行/10cm

结构图

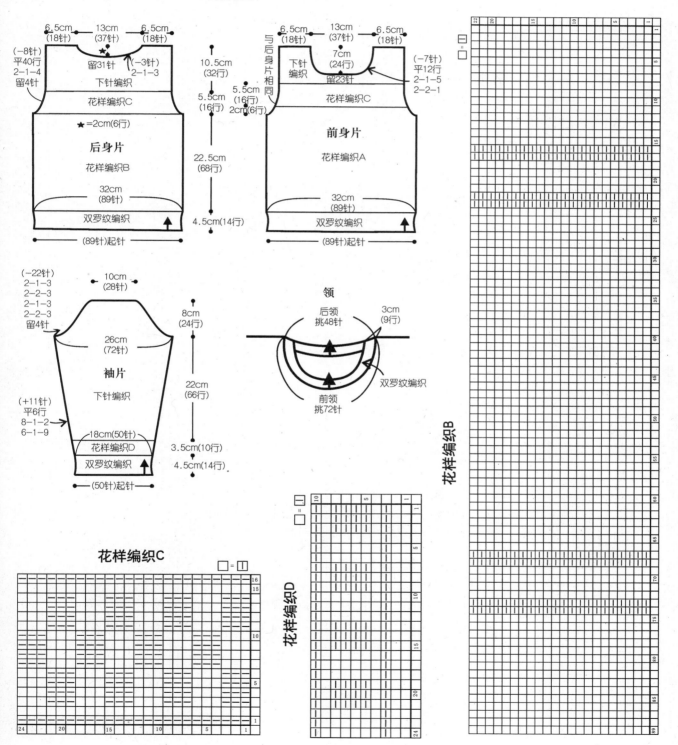

后身片

6.5cm (18针)　13cm (37针)　6.5cm (18针)

(−8针)平40行 2-1-4 留4针

留31针

下针编织

(−3针) 2-1-3

花样编织C

★=2cm(6行)

后身片

花样编织B

32cm (89针)

双罗纹编织

(89针)起针

10.5cm(32行)

5.5cm(16行)

2cm(6行)

22.5cm(68行)

4.5cm(14行)

前身片

6.5cm (18针)　13cm (37针)　6.5cm (18针)

与后身片相同

下针编织

7cm (24行)

留23针

(−7针)平12行 2-1-5 2-2-1

花样编织C

前身片

花样编织A

32cm (89针)

双罗纹编织

(89针)起针

袖片

(−22针) 2-1-3 2-2-3 2-1-3 2-2-3 留4针

10cm (28针)

26cm (72针)

袖片

下针编织

(+11针)平6行 8-1-2 6-1-9

18cm(50针)

花样编织D

双罗纹编织

(50针)起针

8cm (24行)

22cm (66行)

3.5cm(10行)

4.5cm(14行)

领

后领 挑48针

3cm (9行)

双罗纹编织

前领 挑72针

花样编织C

□=□

花样编织D

花样编织B

花样编织A

NO.49 彩图见第62页

材 料：中粗羊毛线紫色350g，
纽扣1颗

工 具：2/0号钩针

成品尺寸：衣长38cm、胸围75cm、背肩宽23cm

编织密度：花样编织 28针×11行/10cm

缘编织A

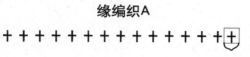

1个缘编织

缘编织B

1个缘编织

款式图

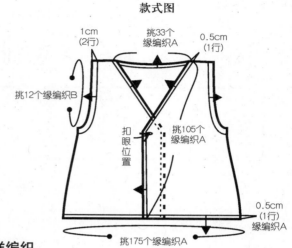

1cm
(2行)

挑33个
缘编织A

0.5cm
(1行)

挑12个缘编织B

挑105个
缘编织A

扣眼位置

0.5cm
(1行)
缘编织A

挑175个缘编织A

花样编织

后身片

5cm
(14针)

12cm
(33针)

5cm
(14针)

1cm(1行)

13cm
(14行)

13cm
(14行)

25.5cm
(28行)

25.5cm
(28行)

43cm
(120针)起针

起针

5cm
(14针)

13.5cm
(38针)

右前身片

左前身片
花样镜像

13.5cm
(15行)

32cm
(90针)起针

193

NO.50 彩图见第64页

材　　料：围巾　中粗羊毛线姜黄色250g　　　成品尺寸：围巾　长108cm、宽17cm
　　　　　帽子　中粗羊毛线姜黄色100g　　　　　　　　　帽子　帽深17cm、帽围40cm

工　　具：4.0mm棒针　　　　　　　　　　　编织密度：花样编织A(围巾)、B(帽子)，
　　　　　　　　　　　　　　　　　　　　　　　　　　　双罗纹编织　20针×26行/10cm

结构图

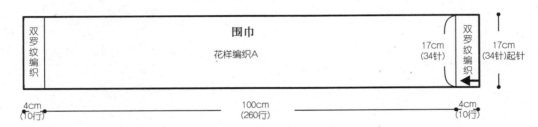

| 双罗纹编织 | 围巾 花样编织A | | 17cm (34针) | 双罗纹编织 | 17cm (34针)起针 |

4cm (10行)　　　　　　　　　100cm (260行)　　　　　　　　　4cm (10行)

款式图

花样编织A

□=□

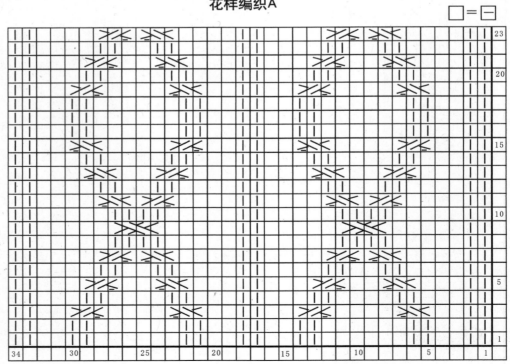

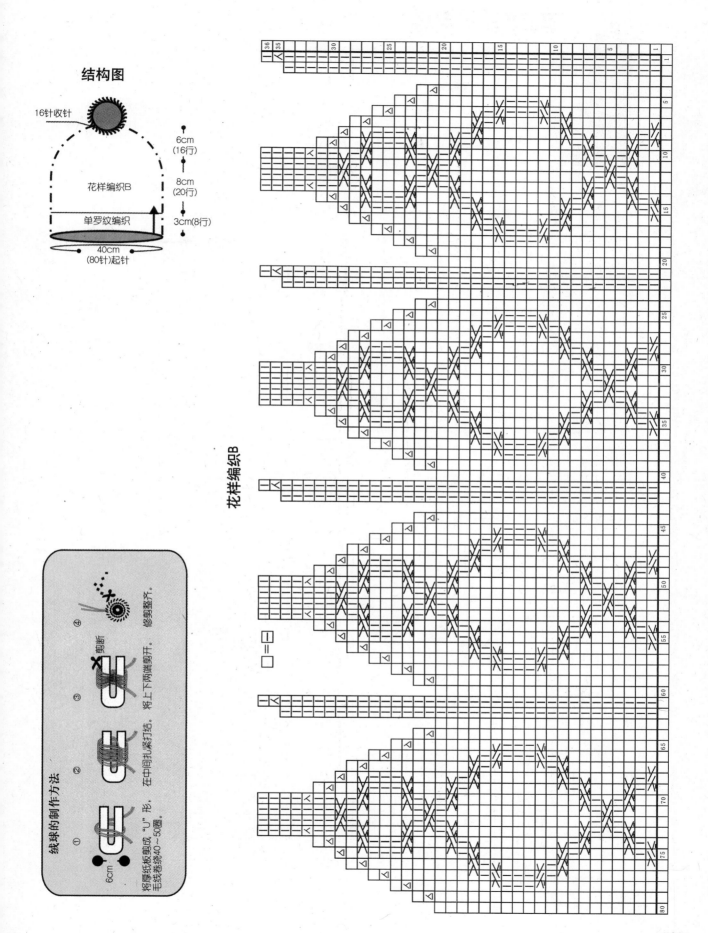

结构图

16针收针

6cm
(16行)

8cm
(20行)

花样编织B

3cm(8行)

单罗纹编织

40cm
(80针)起针

花样编织B

□ = □

绒球的制作方法

剪断

将厚纸板剪成"U"形，在中间扎紧打结。
毛线卷绕40~50圈。

将上下两端剪开。

修剪整齐。

6cm

材　　料：中粗羊毛线红色400g，
　　　　　纽扣6颗

工　　具：3.5mm棒针

成品尺寸：衣长44cm、胸围67cm、背肩宽24.5cm

编织密度：花样编织、下针编织、上下针编织、
　　　　　双罗纹编织　23针×36行/10cm

结构图

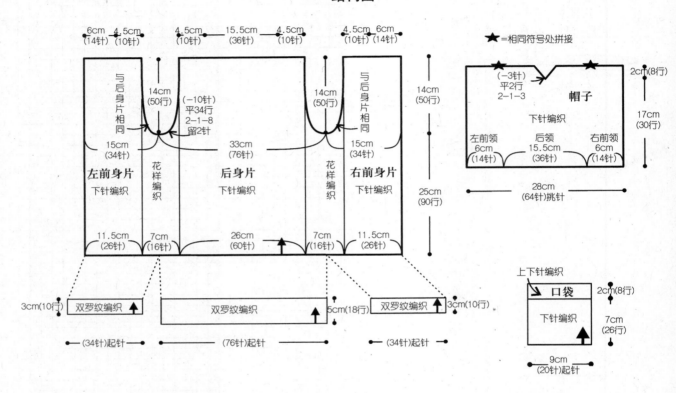

★=相同符号处拼接

6cm(14针)　4.5cm(10针)　4.5cm(10针)　15.5cm(36针)　4.5cm(10针)　4.5cm(10针)　6cm(14针)

与后身片相同

14cm(50行)

(−10针)平34行2-1-8留2针

14cm(50行)

15cm(34针)　33cm(76针)　15cm(34针)

左前身片 下针编织　花样编织　后身片 下针编织　花样编织　右前身片 下针编织

14cm(50行)

25cm(90行)

11.5cm(26针)　7cm(16针)　26cm(60针)　7cm(16针)　11.5cm(26针)

3cm(10行)　双罗纹编织　双罗纹编织　5cm(18行)　双罗纹编织　3cm(10行)

(34针)起针　(76针)起针　(34针)起针

帽子 下针编织

(−3针)平2行2-1-3

2cm(8行)

17cm(30行)

左前领 6cm(14针)　后领 15.5cm(36针)　右前领 6cm(14针)

28cm(64针)挑针

上下针编织

口袋 下针编织

2cm(8行)

7cm(26行)

9cm(20针)起针

帽檐、前衣襟

4cm(14行)上下针编织

4cm(14行)上下针编织

挑64针

纽扣位置

●=2cm(5针)

⬠=8cm(18针)

★=3cm(6针)

5cm(11针)

6cm(20行)

122cm挑(280针)

花样编织

										10
										5
										1
10					5				1	

NO.52 彩图见第68页

材　　料：中粗羊毛线紫色150g

工　　具：1.75/0号钩针

成品尺寸：衣长43cm、胸围83cm、背肩宽25.5cm、袖长12cm

编织密度：花样编织A、B　32针×11行/10cm

结构图

款式图

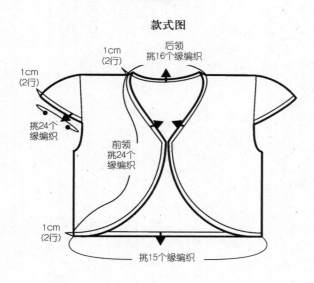

1cm
(2行)

后领
挑16个缘编织

1cm
(2行)

挑24个
缘编织

前领
挑24个
缘编织

1cm
(2行)

挑15个缘编织

缘编织

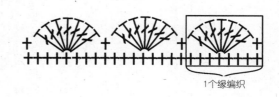

1个缘编织

花样编织B

袖片

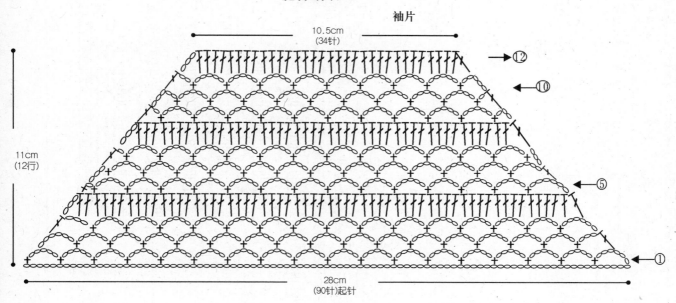

10.5cm
(34针)

→⑫

←⑩

11cm
(12行)

←⑤

←①

28cm
(90针)起针

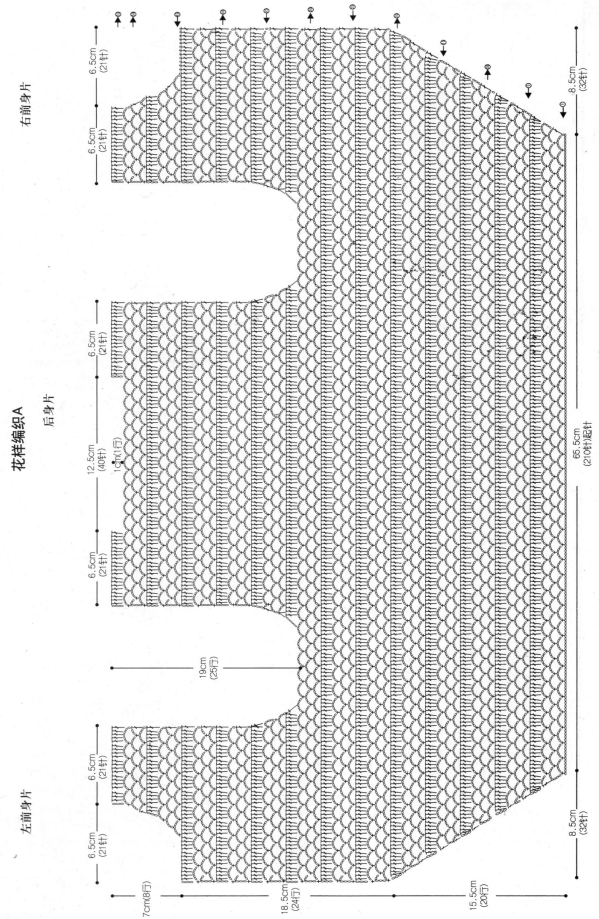

花样编织A

右前身片

后身片

左前身片

6.5cm
(21针)

6.5cm
(21针)

6.5cm
(21针)

12.5cm
(40针)

1cm(1行)

6.5cm
(21针)

19cm
(25行)

8.5cm
(32针)

8.5cm
(32针)

65.5cm
(210针)起针

7cm(8行)

18.5cm
(24行)

15.5cm
(20行)

材　料：中粗羊毛线玫红色200g、白色200g，纽扣3颗

工　具：3.5mm棒针

成品尺寸：衣长62cm、胸围60cm、背肩宽23.5cm

编织密度：花样编织A、B，下针编织、上下针编织　24针×26行/10cm

结构图

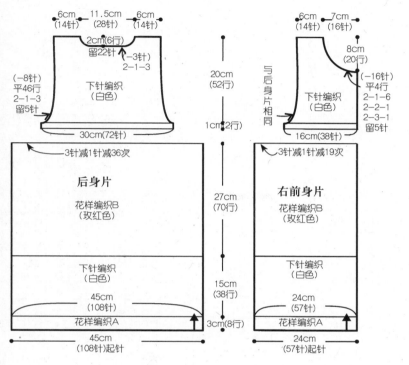

6cm（14针）　11.5cm（28针）　6cm（14针）
2cm（6行）留22针
（-3针）2-1-3
（-8针）平46行 2-1-3 留5针
下针编织（白色）
30cm（72针）

3针减1针减36次
后身片
花样编织B（玫红色）
下针编织（白色）
45cm（108针）
花样编织A
45cm（108针）起针

20cm（52行）
1cm（2行）
27cm（70行）
15cm（38行）
3cm（8行）

6cm（14针）　7cm（16针）
8cm（20行）
与后身片相同
（-16针）平4行 2-1-6 2-2-1 2-3-1 留5针
下针编织（白色）
16cm（38针）

3针减1针减19次
右前身片
花样编织B（玫红色）
下针编织（白色）
24cm（57针）
花样编织A
24cm（57针）起针

缘编织

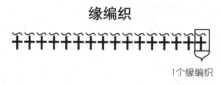

1个缘编织

花样编织A

□=□

款式图

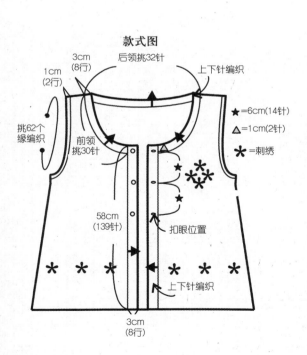

后领挑32针
3cm（8行）
1cm（2行）
挑62个缘编织
前领挑30针
上下针编织
58cm（139针）
扣眼位置
上下针编织
3cm（8行）

★=6cm（14针）
△=1cm（2针）
*=刺绣

花样编织B

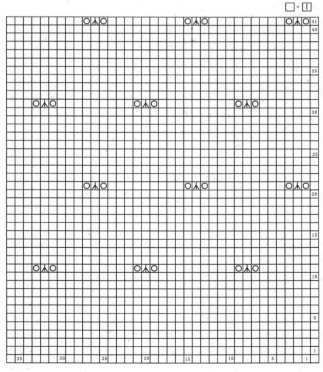

□=□

NO.54 彩图见第72页

材　料：中粗羊毛线大红色400g，
纽扣1颗

成品尺寸：衣长33.5cm、胸围74cm、背肩宽11cm、
袖长33.5cm

工　具：3.5mm棒针，2/0号钩针

编织密度：花样编织A、B，上下针编织
22针×28行/10cm

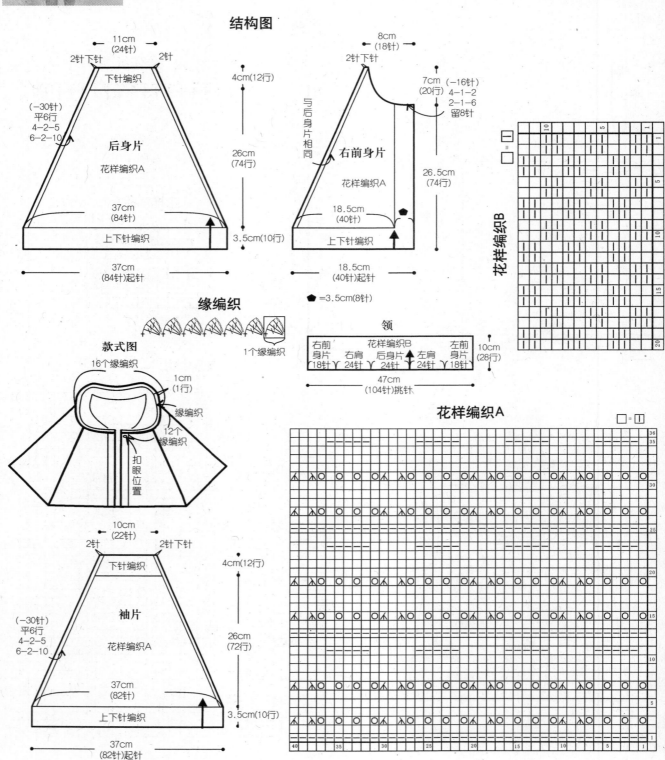

结构图

11cm（24针）
2针下针　　2针
下针编织
4cm（12行）

（-30针）
平6行
4-2-5
6-2-10

后身片

花样编织A

26cm（74行）

37cm（84针）

上下针编织

3.5cm（10行）

37cm（84针）起针

8cm（18针）
2针下针

与后身片相同

7cm（-16针）（20行）
4-1-2
2-1-6
留8针

右前身片

花样编织A

26.5cm（74行）

18.5cm（40针）

上下针编织

18.5cm（40针）起针

◆ =3.5cm（8针）

花样编织B

缘编织

1个缘编织

领

右前身片 18针	花样编织B			左前身片 18针
	右肩 24针	后身片 24针	左肩 24针	

47cm（104针）挑针

10cm（28行）

款式图

16个缘编织

1cm（1行）

缘编织

12个缘编织

缘编织

扣眼位置

10cm（22针）
2针　　2针下针
下针编织
4cm（12行）

（-30针）
平6行
4-2-5
6-2-10

袖片

花样编织A

26cm（72行）

37cm（82针）

上下针编织

3.5cm（10行）

37cm（82针）起针

花样编织A

□ = □

200

材　　料：中粗羊毛线黑色100g、
　　　　　粉色100g

成品尺寸：衣长37cm、胸围70cm、背肩宽26.5cm

工　　具：1.5/0号钩针

编织密度：参考花样编织图

结构图

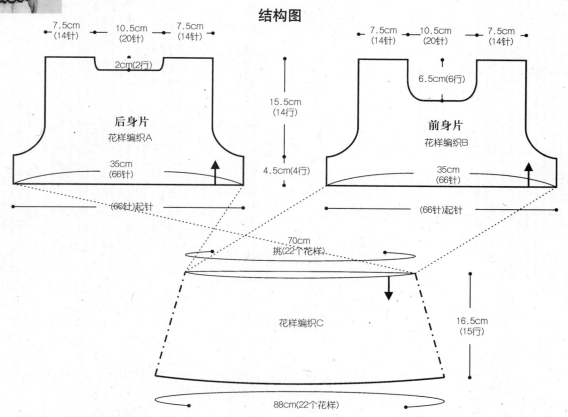

7.5cm（14针）　10.5cm（20针）　7.5cm（14针）

2cm（2行）

后身片
花样编织A

35cm（66针）

（66针）起针

15.5cm（14行）

4.5cm（4行）

7.5cm（14针）　10.5cm（20针）　7.5cm（14针）

6.5cm（6行）

前身片
花样编织B

35cm（66针）

（66针）起针

70cm
挑（22个花样）

花样编织C

16.5cm（15行）

88cm（22个花样）

饰花编织

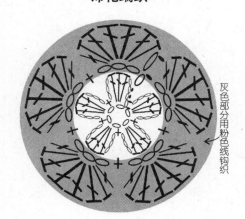

灰色部分用粉色线钩织

款式图

22个缘编织B

0.5cm（1行）

60个缘编织B

36个缘编织B

饰花

0.5cm（1行）

22个缘编织A

缘编织A

1个缘编织A

缘编织A用黑色线钩织，长针在花样编织C的第14行上钩织，短针在第15行上钩织。

缘编织B

+++++++++++++++++++++

1个缘编织B

花样编织A

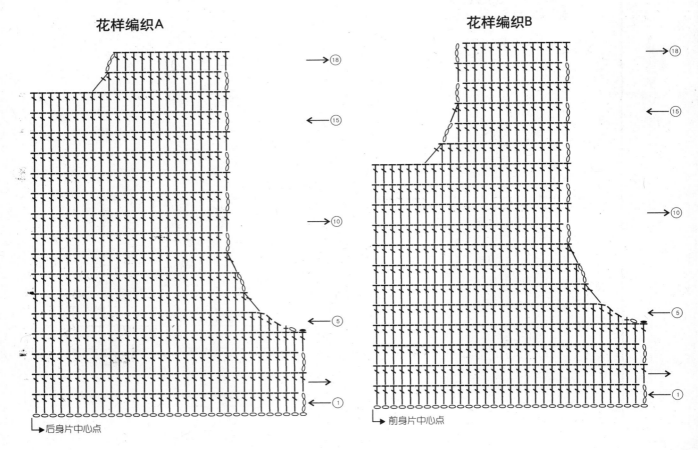

→ ⑱
← ⑮
→ ⑩
← ⑤
→
← ①

→ 后身片中心点

花样编织B

→ ⑱
← ⑮
→ ⑩
← ⑤
→
← ①

→ 前身片中心点

花样编织C

1个花样

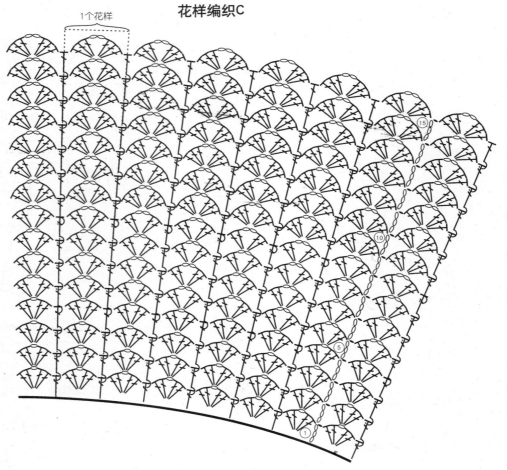

⑮
⑩
⑤
①

NO.56 彩图见第75页

材　料：中粗羊毛线紫色400g

工　具：3.5mm棒针

成品尺寸：衣长49.5cm、胸围68cm、背肩宽26cm

编织密度：花样编织、双罗纹编织
26针×28行/10cm

结构图

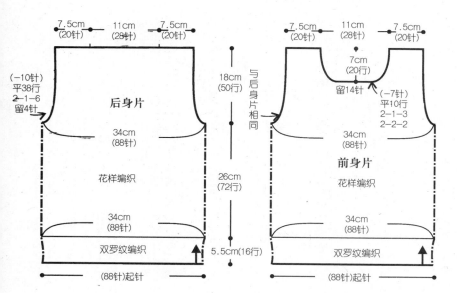

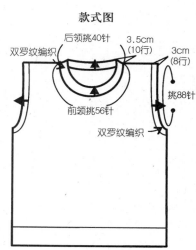

花样编织

□ = ─

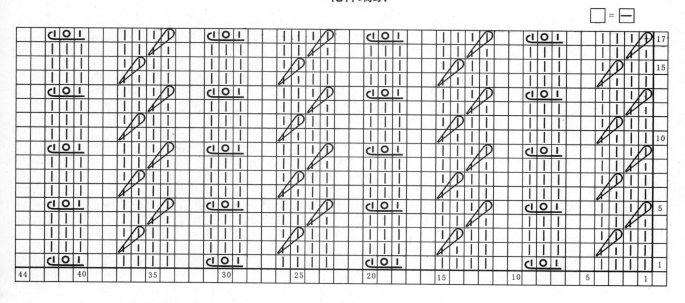

材　料：中粗羊毛线橘色350g，
　　　　纽扣3颗

工　具：3.6mm棒针，1.5/0号钩针

成品尺寸：衣长45.5cm、胸围74cm、肩袖长45cm

编织密度：花样编织、上下针编织、下针编织、
　　　　　单罗纹编织　28针×32行/10cm

结构图

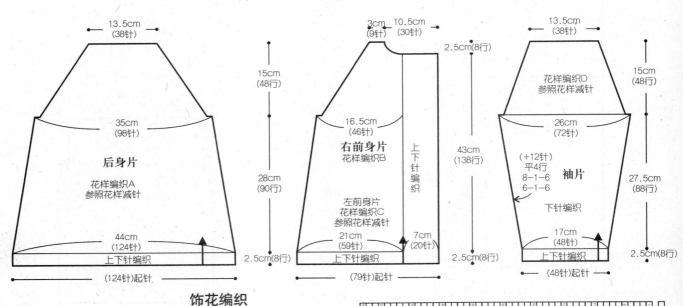

后身片
花样编织A
参照花样减针

13.5cm（38针）
35cm（98针）
44cm（124针）
（124针）起针
上下针编织
15cm（48行）
28cm（90行）
2.5cm（8行）

右前身片
花样编织B
左前身片
花样编织C
参照花样减针

3cm（9针）　10.5cm（30针）
2.5cm（8行）
16.5cm（46针）
上下针编织
43cm（138行）
21cm（59针）
7cm（20针）
上下针编织
2.5cm（8行）
（79针）起针

袖片
花样编织D
参照花样减针
下针编织

13.5cm（38针）
26cm（72针）
（+12针）
平4行
8-1-6
6-1-6
17cm（48针）
上下针编织
（48针）起针
15cm（48行）
27.5cm（88行）
2.5cm（8行）

饰花编织

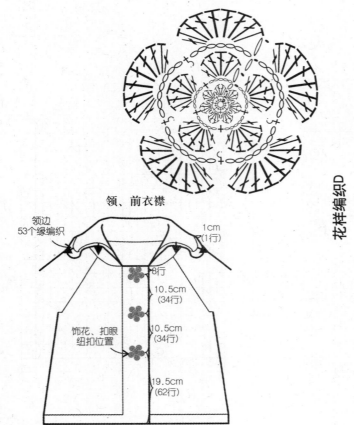

领、前衣襟

领边
53个缘编织

1cm（1行）
8行
10.5cm（34行）
10.5cm（34行）
19.5cm（62行）

饰花、扣眼
纽扣位置

花样编织D

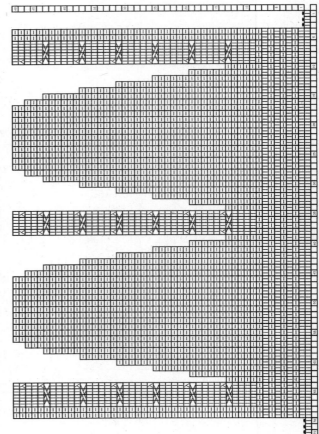

花样编织A

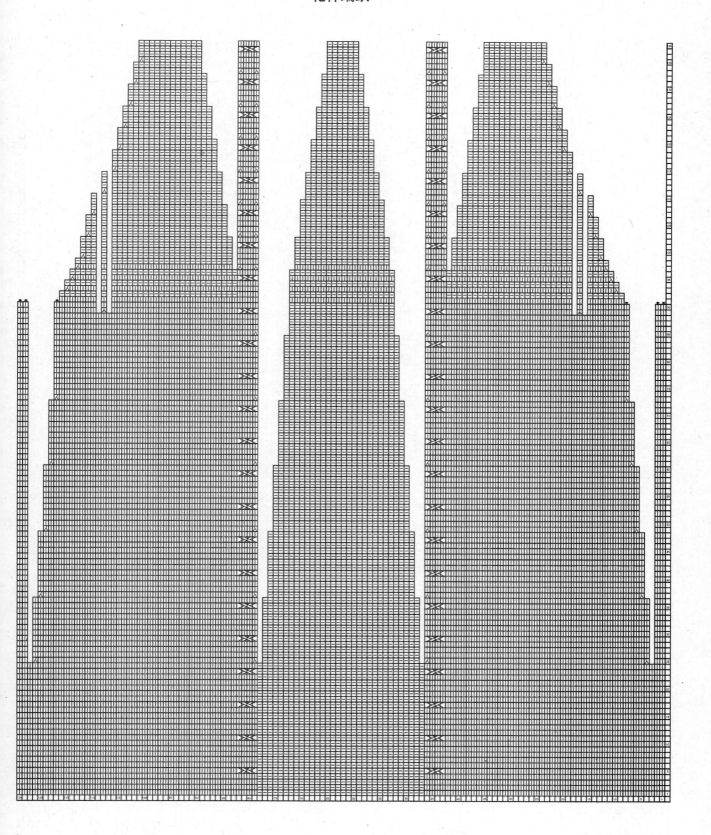

缘编织

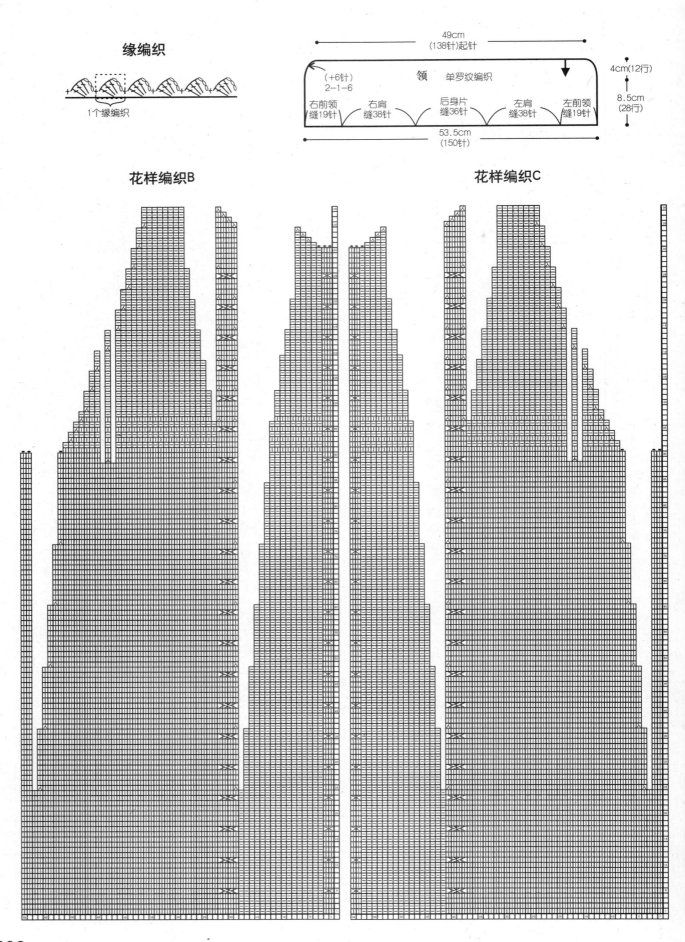

1个缘编织

49cm
(138针)起针

领　单罗纹编织

(+6针)
2-1-6

右前领
缝19针　　右肩
缝38针　　后身片
缝36针　　左肩
缝38针　　左前领
缝19针

53.5cm
(150针)

4cm(12行)

8.5cm
(28行)

花样编织B

花样编织C

206

NO.58 彩图见第78页

材　料： 中粗羊毛线蓝色150g、浅咖啡色200g

工　具： 2.5/0号钩针

成品尺寸： 衣长35cm、胸围77cm、背肩宽26cm

编织密度： 花样编织　28针×12行/10cm

缘编织A

1个缘编织A

缘编织B

++++++++++++++++ ⊞

1个缘编织B

系带编织

98cm
（274针）起针

款式图

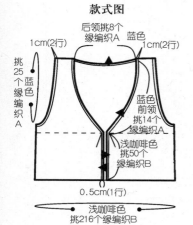

后领挑8个
缘编织A　蓝色

1cm（2行）　　　　1cm（2行）

挑25个蓝色缘编织A

蓝色
前领
挑14个
缘编织A

浅咖啡色
挑50个
缘编织B

0.5cm（1行）

浅咖啡色
挑216个缘编织B

花样编织

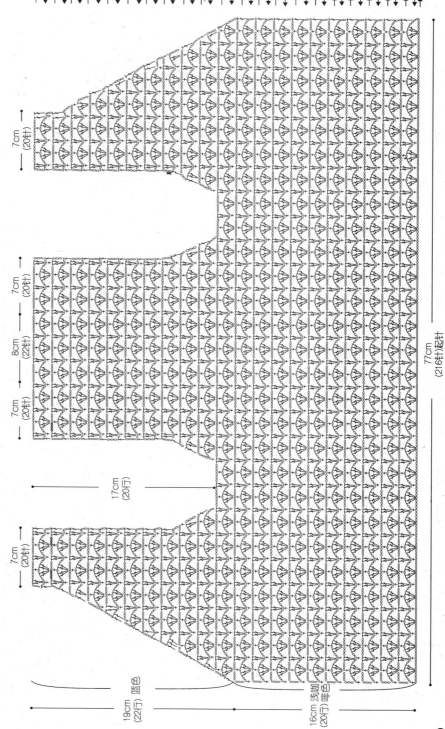

7cm（20针）

7cm（20针）

8cm（22针）

7cm（20针）

17cm（20行）

7cm（20针）

77cm（216针）起针

19cm（22行）　蓝色

16cm（20行）浅咖啡色

材　　料：中粗羊毛线棕色350g、
白色10g，黑色少许

成品尺寸：衣长28.5cm、胸围68cm、背肩宽34cm、
袖长21cm

工　　具：2.5/0号钩针

编织密度：花样编织A、B　28针×10行/10cm

结构图

款式图

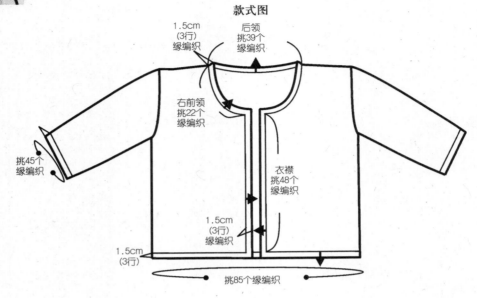

1.5cm
(3行)
缘编织

后领
挑39个
缘编织

右前领
挑22个
缘编织

挑45个
缘编织

衣襟
挑48个
缘编织

1.5cm
(3行)
缘编织

1.5cm
(3行)

挑85个缘编织

花样编织B

袖片

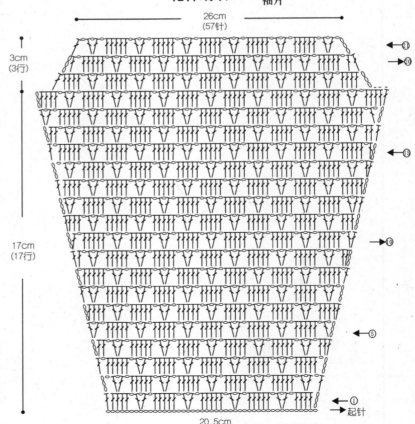

26cm
(57针)

3cm
(3行)

17cm
(17行)

20.5cm
(45针)起针

缘编织配色表

第4行	棕色1行
第3行	白色1行
第2行	黑色1行
第1行	棕色1行

缘编织

1个缘编织

花样编织A

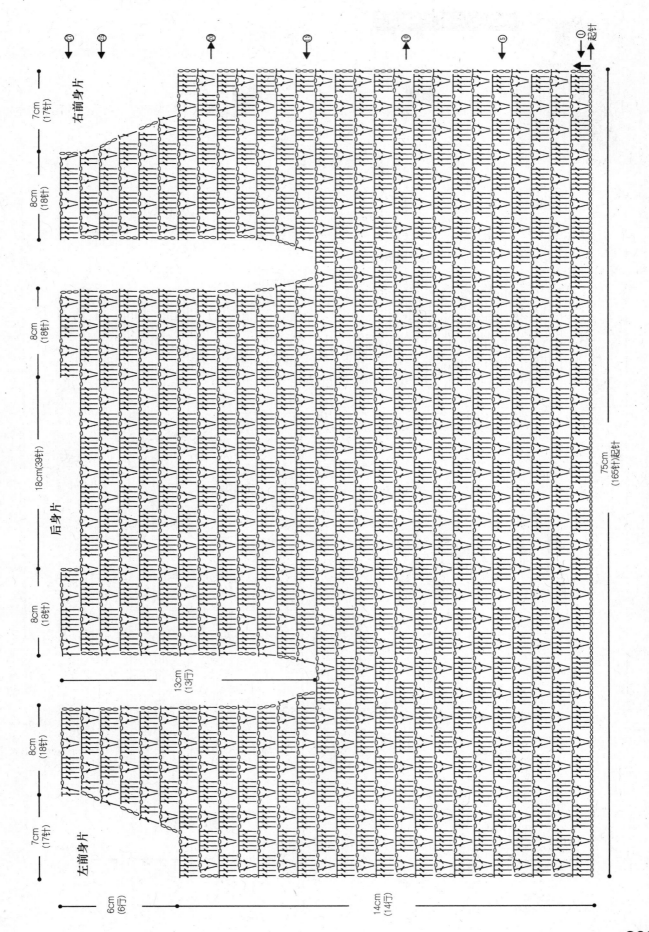

右前身片

7cm
(17针)

8cm
(18针)

75cm
(165针)起针

8cm
(18针)

18cm(39针)

后身片

8cm
(18针)

13cm
(13行)

8cm
(18针)

左前身片

7cm
(17针)

6cm
(6行)

14cm
(14行)

材　　料：中粗羊毛线玫红色300g，
粉红色适量

成品尺寸：衣长33cm、胸围60cm、背肩宽21.5cm

工　　具：2/0号钩针

编织密度：花样编织　24针×14.5行/10cm

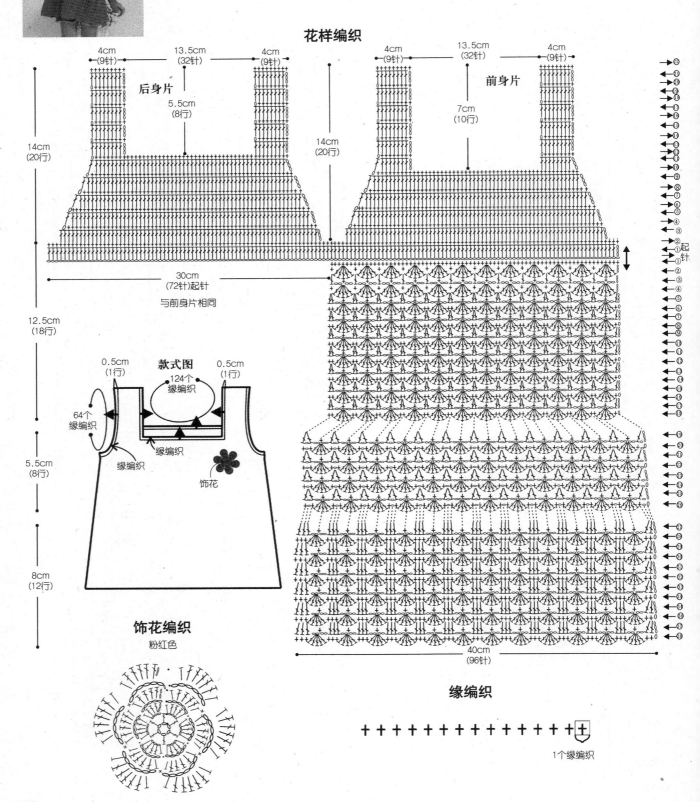

花样编织

4cm
(9针)
13.5cm
(32针)
4cm
(9针)

后身片

5.5cm
(8行)

14cm
(20行)

4cm
(9针)
13.5cm
(32针)
4cm
(9针)

前身片

7cm
(10行)

14cm
(20行)

30cm
(72针)起针

与前身片相同

12.5cm
(18行)

0.5cm
(1行)

款式图

124个
缘编织

0.5cm
(1行)

64个
缘编织

缘编织

缘编织

饰花

5.5cm
(8行)

8cm
(12行)

40cm
(96针)

饰花编织
粉红色

缘编织

＋＋＋＋＋＋＋＋＋＋＋＋＋＋＋土

1个缘编织

起针

材　　料：中粗羊毛线白色300g

成品尺寸：衣长44cm、胸围70cm、背肩宽28cm、
　　　　　袖长38cm

工　　具：3.9mm棒针

编织密度：花样编织A、B，单罗纹编织
　　　　　23针×30行/10cm

结构图

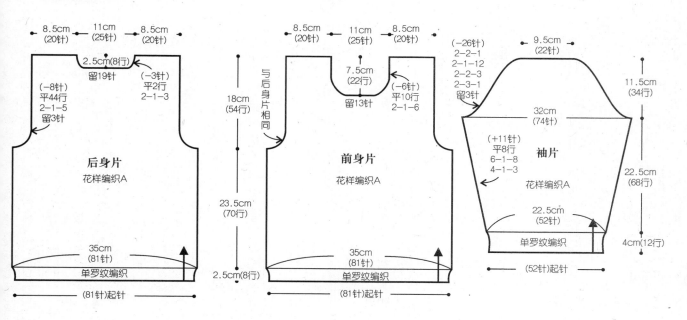

8.5cm（20针）　11cm（25针）　8.5cm（20针）

2.5cm(8行)
留19针

（-8针）平44行2-1-5留3针
（-3针）平2行2-1-3

18cm（54行）

后身片
花样编织A

23.5cm（70行）

35cm（81针）

单罗纹编织

2.5cm(8行)

（81针）起针

与后身片相同

8.5cm（20针）　11cm（25针）　8.5cm（20针）

7.5cm（22行）
留13针

（-6针）平10行2-1-6

前身片
花样编织A

35cm（81针）

单罗纹编织

（81针）起针

（-26针）2-2-1 2-1-12 2-2-3 2-3-1留3针

9.5cm（22针）

11.5cm（34行）

32cm（74针）

（+11针）平8行6-1-8 4-1-3

袖片
花样编织A

22.5cm（68行）

22.5cm（52针）

单罗纹编织

4cm(12行)

（52针）起针

领

后领挑30针

4cm（12行）

花样编织B

前领挑52针

花样编织B

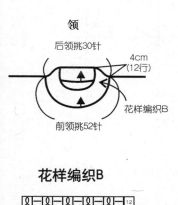

上接第215页

款式图

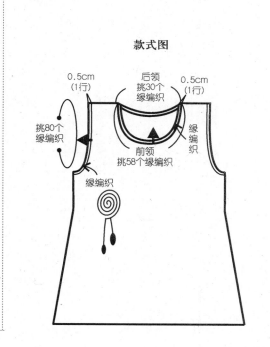

0.5cm（1行）

后领挑30个缘编织

0.5cm（1行）

挑80个缘编织

前领挑58个缘编织

缘编织

缘编织

缘编织

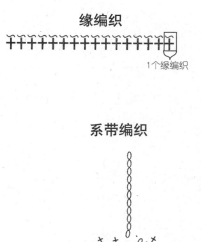

1个缘编织

系带编织

饰花编织

花样编织A

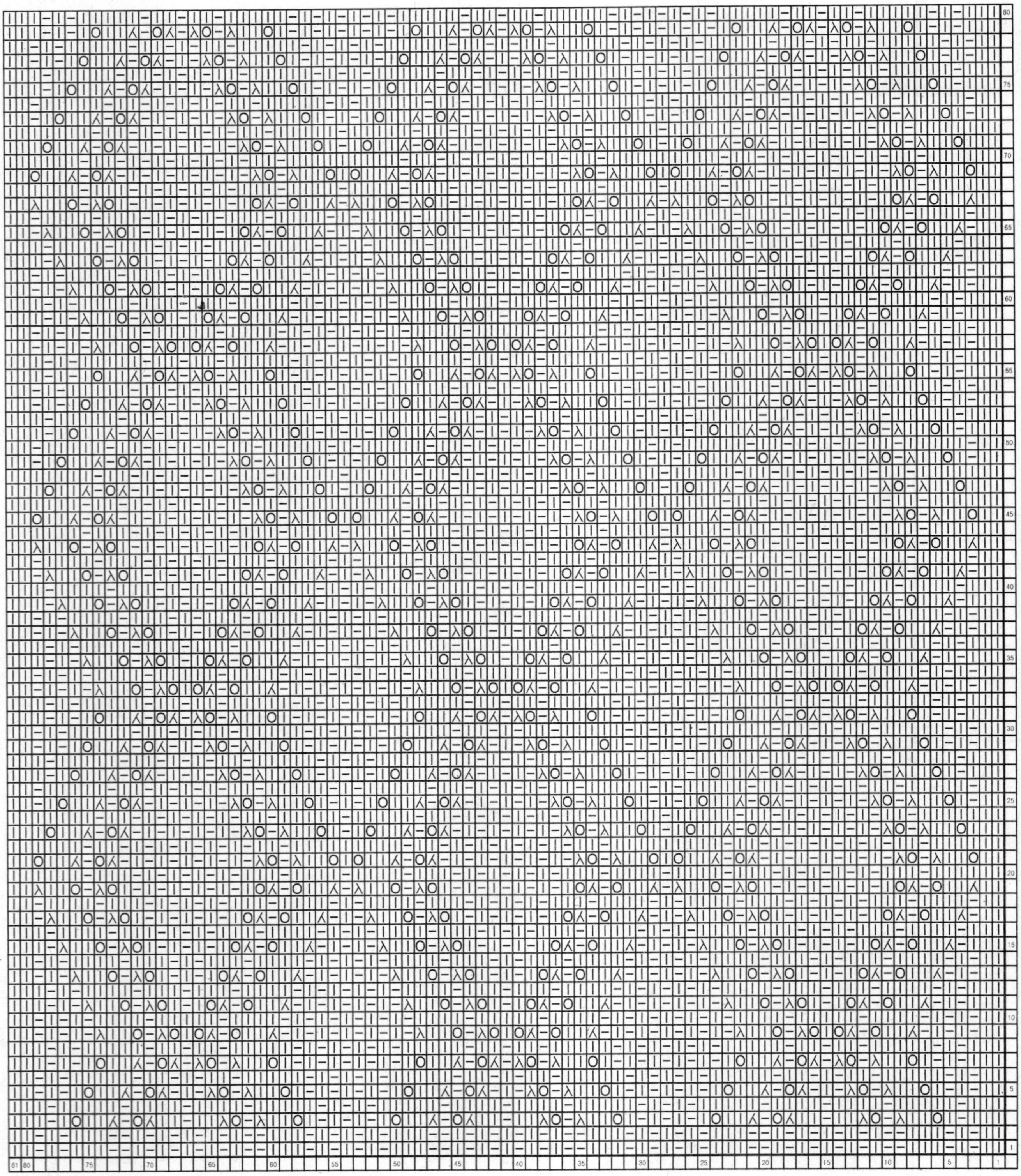

NO.62　彩图见第83页

材　料：中粗羊毛线黄色150g、
　　　　白色80g

工　具：1.5/0号钩针

成品尺寸：衣长45.5cm、胸围65cm、背肩宽27cm

编织密度：花样编织　　23针×10行/10cm
　　　　　中心花样　　6.5cm×6.5cm/花样

结构图

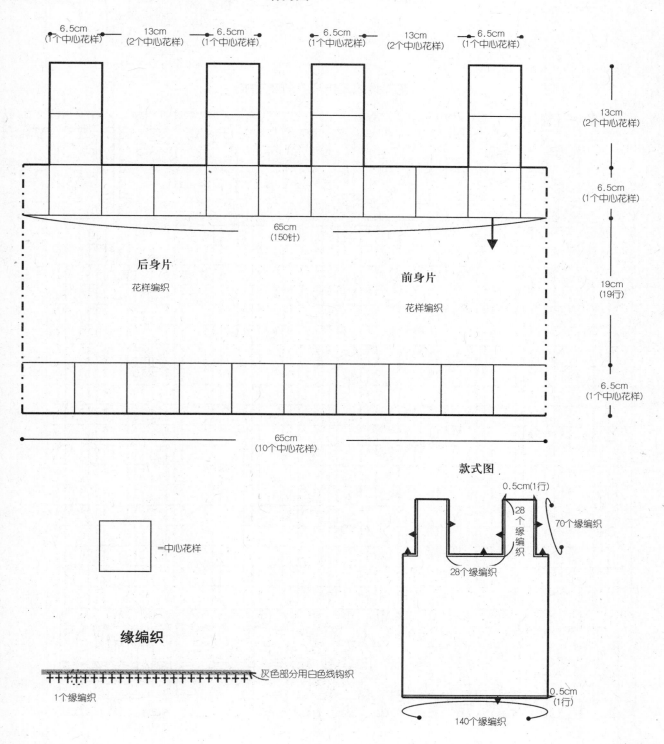

6.5cm
(1个中心花样)

13cm
(2个中心花样)

6.5cm
(1个中心花样)

6.5cm
(1个中心花样)

13cm
(2个中心花样)

6.5cm
(1个中心花样)

13cm
(2个中心花样)

6.5cm
(1个中心花样)

19cm
(19行)

6.5cm
(1个中心花样)

65cm
(150针)

后身片
花样编织

前身片
花样编织

65cm
(10个中心花样)

=中心花样

款式图

0.5cm(1行)

28
个
缘
编织

70个缘编织

28个缘编织

28个缘编织

0.5cm
(1行)

140个缘编织

缘编织

┼┼┼┼┼┼┼┼┼┼┼┼┼┼┼┼┼┼┼┼┼

灰色部分用白色线钩织

1个缘编织

213

中心花样

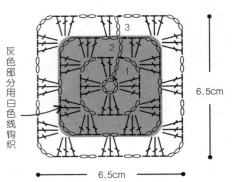

灰色部分用白色线钩织

6.5cm

6.5cm

花样编织配色

第11～19行	黄色9行
第7～10行	白色4行
第1～6行	黄色6行

花样编织及中心花样的拼接

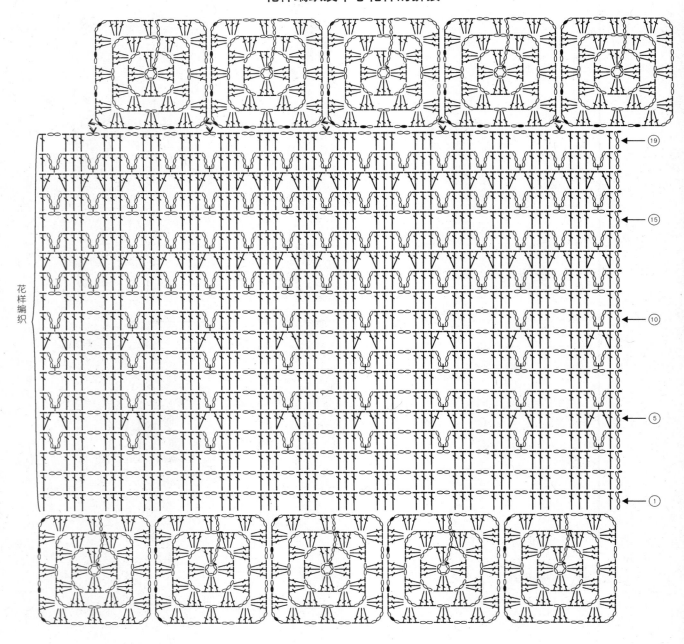

花样编织

214

材　　料：中粗羊毛线浅紫色400g　　　　成品尺寸：衣长50cm、胸围64cm、背肩宽22cm

工　　具：2/0号钩针　　　　编织密度：花样编织　25针×12行/10cm

花样编织

前身片　　　　　　　　　　　　后身片

6cm（15针）　10cm（25针）　6cm（15针）　　　6cm（15针）　10cm（25针）　6cm（15针）

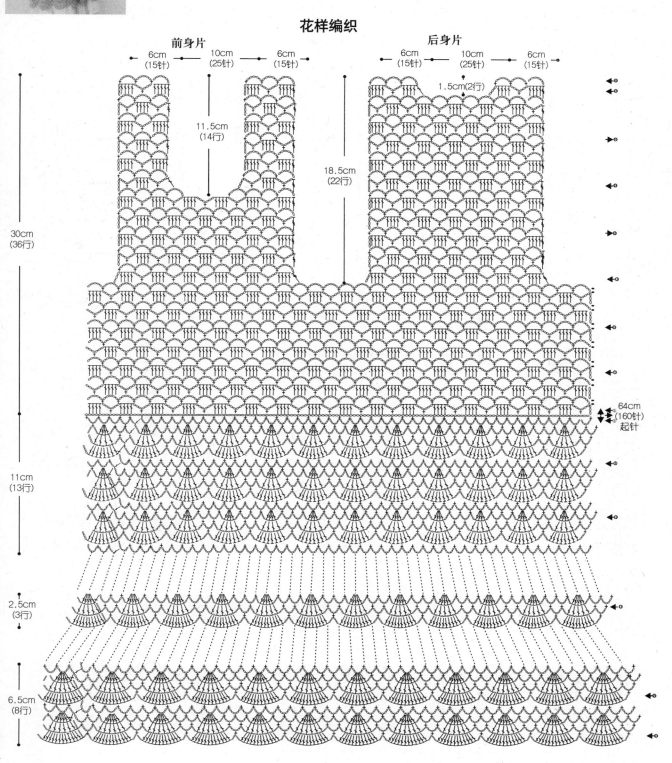

11.5cm（14行）

1.5cm（2行）

18.5cm（22行）

30cm（36行）

64cm（160针）起针

11cm（13行）

2.5cm（3行）

6.5cm（8行）

下转第211页

材　料：中粗羊毛线蓝色450g、
白色20g

成品尺寸：衣长49cm、胸围79cm、背肩宽33cm、
袖长42cm

工　具：2.5mm棒针

编织密度：花样编织A、B，下针编织，
双罗纹编织　30针×36行/10cm

结构图

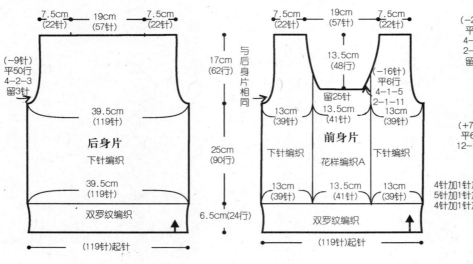

后身片

7.5cm（22针）　19cm（57针）　7.5cm（22针）

（−9针）平50行 4-2-3 留3针

39.5cm（119针）

后身片
下针编织

39.5cm（119针）

双罗纹编织

（119针）起针

17cm（62行）　与后身片相同

25cm（90行）

6.5cm（24行）

前身片

7.5cm（22针）　19cm（57针）　7.5cm（22针）

13.5cm（48行）

留25针　13.5cm（41针）

（−16针）平6行 4-1-5 2-1-11 留3针

13cm（39针）　13.5cm（41针）　13cm（39针）

下针编织　花样编织A　下针编织

13cm（39针）　13.5cm（41针）　13cm（39针）

双罗纹编织

（119针）起针

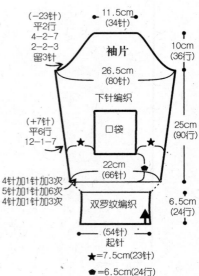

袖片

（−23针）平2行 4-2-7 2-2-3 留3针

11.5cm（34针）

26.5cm（80针）

下针编织

10cm（36行）

（+7针）平6行 12-1-7

口袋

22cm（66针）

25cm（90行）

4针加1针加3次
5针加1针加6次
4针加1针加3次

双罗纹编织

6.5cm（24行）

（54针）起针

★=7.5cm（23针）
⬠=6.5cm（24行）

花样编织A

□=日

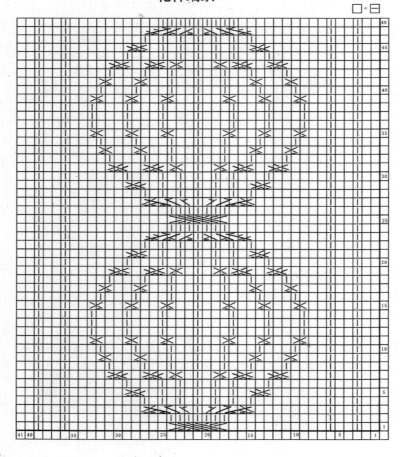

48
45
40
35
30
25
20
15
10
5
1
41 40　35　30　25　20　15　10　5　1

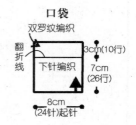

口袋

双罗纹编织

翻折线

下针编织

3cm（10行）
7cm（26行）

8cm（24针）起针

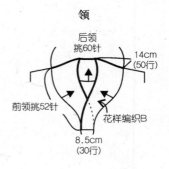

领

后领 挑60针

14cm（50行）

前领挑52针

花样编织B

8.5cm（30行）

下摆、袖口双罗纹编织配色

第19～24行	蓝色
第17～18行	白色
第1～16行	蓝色

花样编织B

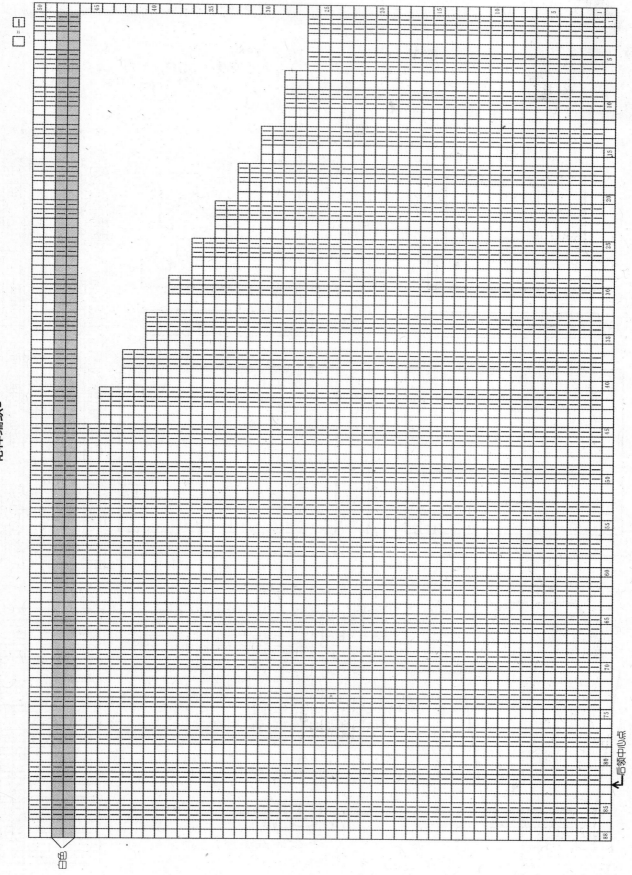

217

材　　料：中粗羊毛花式线灰白色
系400g、橘黄色30g

工　　具：4.2mm棒针

成品尺寸：裙长59cm、胸围67cm、背肩宽26.5cm、
袖长37cm

编织密度：花样编织A、B、C，下针编织
24针×28行/10cm

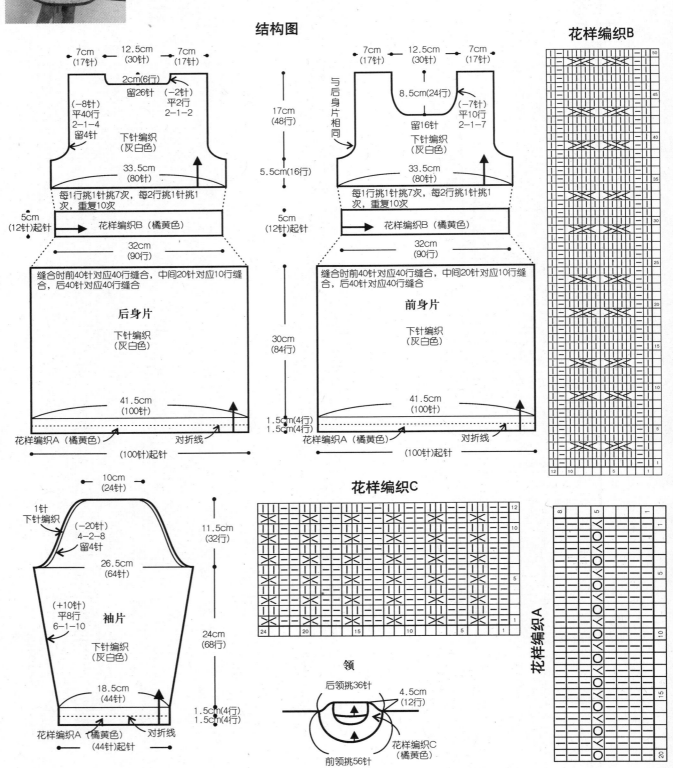

结构图

后身片 / **前身片**

7cm(17针)　12.5cm(30针)　7cm(17针)

2cm(6行)　留26针　(−2针)平2行 2-1-2

(−8针)平40行2-1-4留4针

下针编织（灰白色）

33.5cm(80针)

每1行挑1针挑7次，每2行挑1针挑1次，重复10次

5cm(12针)起针

花样编织B（橘黄色）

32cm(90行)

缝合时前40针对应40行缝合，中间20针对应10行缝合，后40针对应40行缝合

后身片 / 前身片

下针编织（灰白色）

30cm(84行)

41.5cm(100针)

1.5cm(4行)
1.5cm(4行)

花样编织A（橘黄色）　对折线

(100针)起针

17cm(48行)

5.5cm(16行)

5cm(12针)起针

与后身片相同

8.5cm(24行)

留16针　(−7针)平10行2-1-7

袖片

10cm(24针)

1针下针编织

(−20针)4-2-8留4针

26.5cm(64针)

(+10针)平8行6-1-10

下针编织（灰白色）

18.5cm(44针)

11.5cm(32行)

24cm(68行)

1.5cm(4行)
1.5cm(4行)

花样编织A（橘黄色）　对折线

(44针)起针

领

后领挑36针　4.5cm(12行)

前领挑56针

花样编织C（橘黄色）

花样编织B

花样编织C

花样编织A

218

材　　料：中粗羊毛线冰蓝色300g、草绿色40g，纽扣若干

工　　具：2/0号钩针

成品尺寸：衣长45cm、胸围57cm、背肩宽23cm

编织密度：花样编织　25针×12行/10cm

花样编织

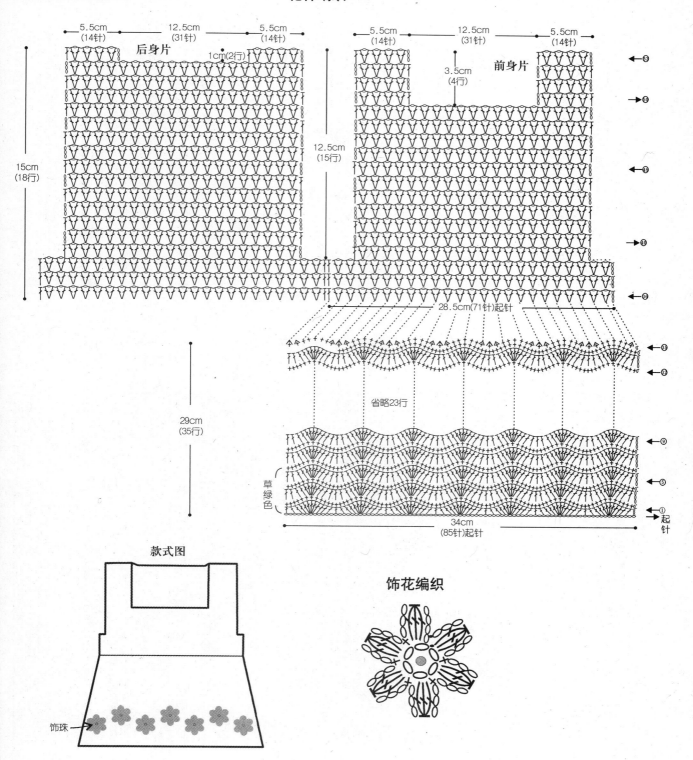

款式图

饰花编织

材　　料：中粗羊毛段染线红黄
色系200g

成品尺寸：衣长40.5cm、胸围60.5cm、背肩宽27.5cm

工　　具：3.0mm棒针

编织密度：花样编织、单罗纹编织
37针×40行/10cm

结构图

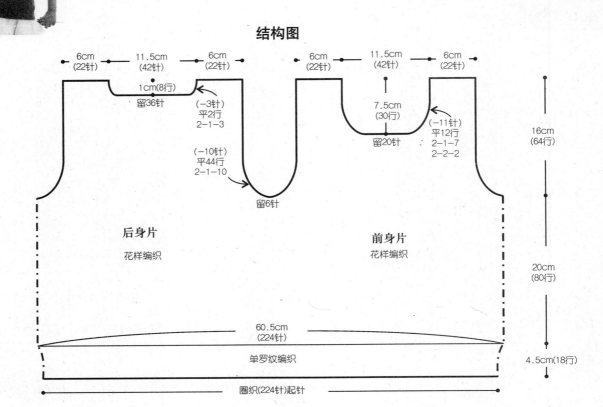

6cm
(22针)
11.5cm
(42针)
6cm
(22针)
6cm
(22针)
11.5cm
(42针)
6cm
(22针)

1cm(8行)
留36针

（-3针）
平2行
2-1-3

7.5cm
(30行)

留20针

（-11针）
平12行
2-1-7
2-2-2

（-10针）
平44行
2-1-10

留6针

16cm
(64行)

后身片
花样编织

前身片
花样编织

20cm
(80行)

60.5cm
(224针)

单罗纹编织

4.5cm(18行)

圈织(224针)起针

领、袖口

袖口
挑124针

2cm
(8行)

2.5cm
(10行)

后领挑52针

前领挑76针

单罗纹编织

花样编织

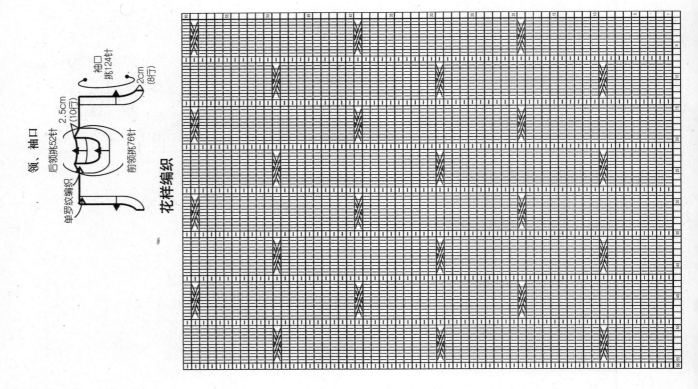

材　　料：中粗羊毛线紫色250g

成品尺寸：衣长44.5cm、胸围55cm、背肩宽24.5cm

工　　具：3.9mm棒针

编织密度：花样编织A、B，上下针编织
20针×32行/10cm

结构图

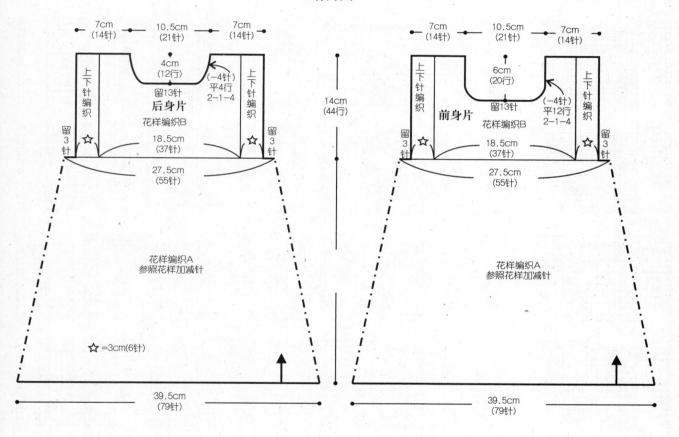

7cm
（14针）
10.5cm
（21针）
7cm
（14针）

4cm
（12行）

上下针编织

后身片
花样编织B

留13针

（－4针）
平4行
2-1-4

上下针编织

留3针

18.5cm
（37针）

留3针

27.5cm
（55针）

14cm
（44行）

花样编织A
参照花样加减针

☆=3cm（6针）

39.5cm
（79针）

7cm
（14针）
10.5cm
（21针）
7cm
（14针）

6cm
（20行）

上下针编织

前身片
花样编织B

留13针

（－4针）
平12行
2-1-4

上下针编织

留3针

18.5cm
（37针）

留3针

27.5cm
（55针）

花样编织A
参照花样加减针

39.5cm
（79针）

花样编织B

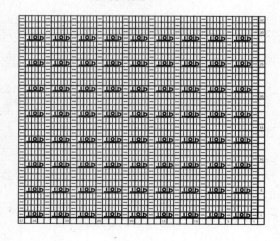

领

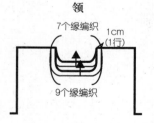

7个缘编织

1cm
（1行）

9个缘编织

缘编织

1个缘编织

花样编织A

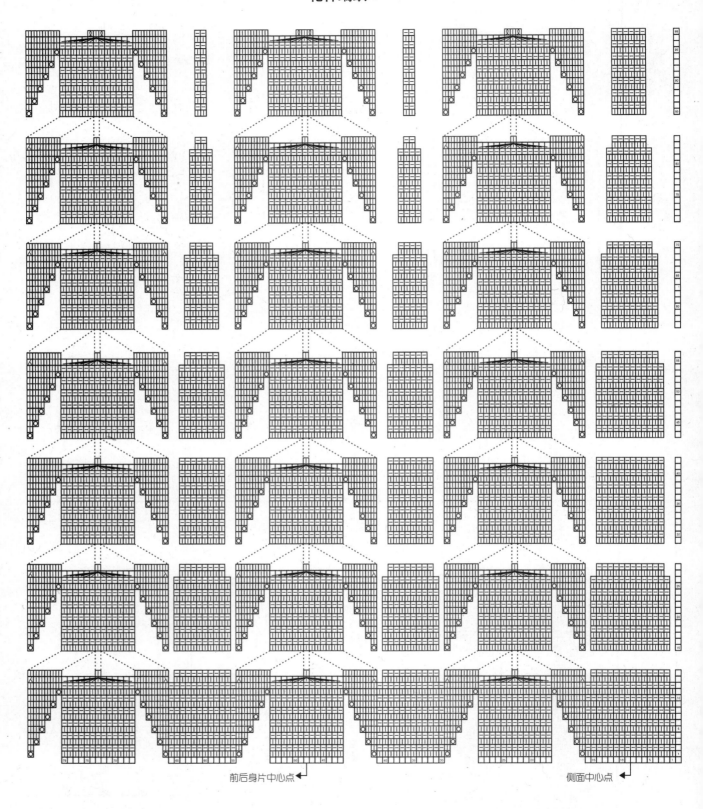

前后身片中心点 ←

侧面中心点 ←

222

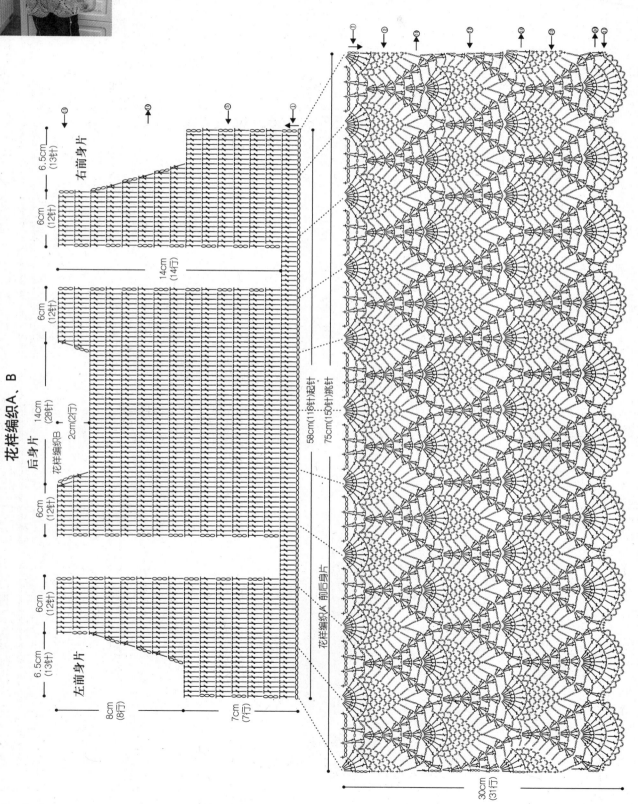

材　料：中粗羊毛线西瓜红色200g，
　　　　纽扣4颗

成品尺寸：衣长46cm、胸围58cm、背肩宽24cm、
　　　　　袖长22cm

工　具：2/0号钩针

编织密度：花样编织A～D　20针×10行/10cm

花样编织A、B

右前身片

6.5cm
(13针)

6cm
(12针)

14cm
(14行)

6cm
(12针)

后身片

14cm
(28针)

2cm(2行)
花样编织B

6cm
(12针)

左前身片

6.5cm
(13针)

6cm
(12针)

8cm
(8行)

7cm
(7行)

58cm(116针)起针

75cm(150针)挑针

花样编织A　前后身片

30cm
(31行)

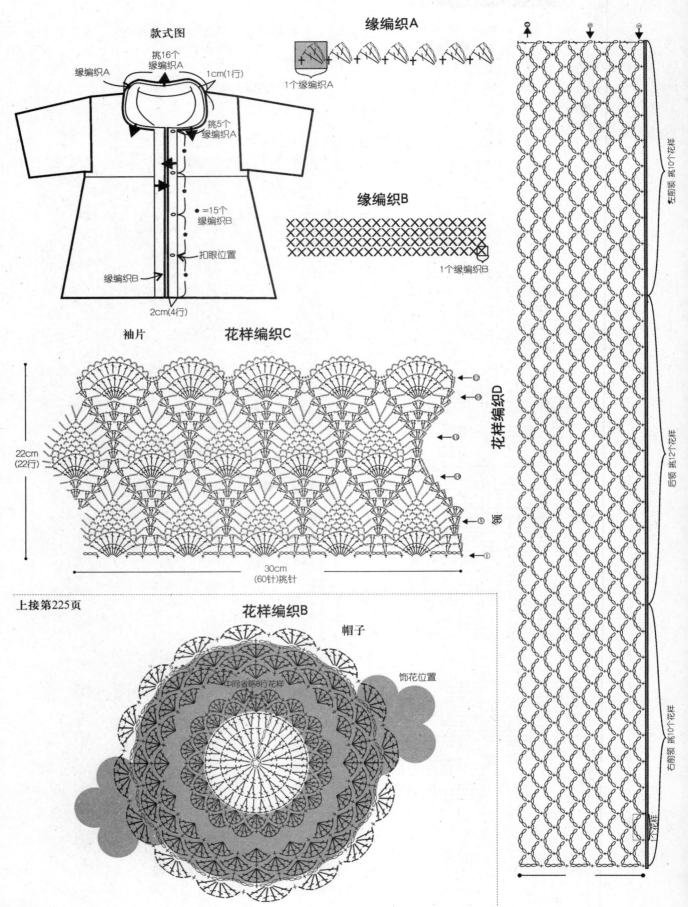

款式图

挑16个
缘编织A

缘编织A

1cm(1行)

挑5个
缘编织A

●=15个
缘编织B

扣眼位置

缘编织B

2cm(4行)

缘编织A

1个缘编织A

缘编织B

1个缘编织B

袖片　花样编织C

22cm
(22行)

30cm
(60针)挑针

花样编织D

领

上接第225页

花样编织B

帽子

中间省略8行花样

饰花位置

左前领 挑10个花样

后领 挑12个花样

右前领 挑10个花样

1个花样

材　料：中粗羊毛线玫红色：
手套50g、帽子100g

工　具：1.75/0号钩针

成品尺寸：手套　长13.5cm、口围16cm
帽子　帽深21cm、帽围46cm

编织密度：参考花样编织图

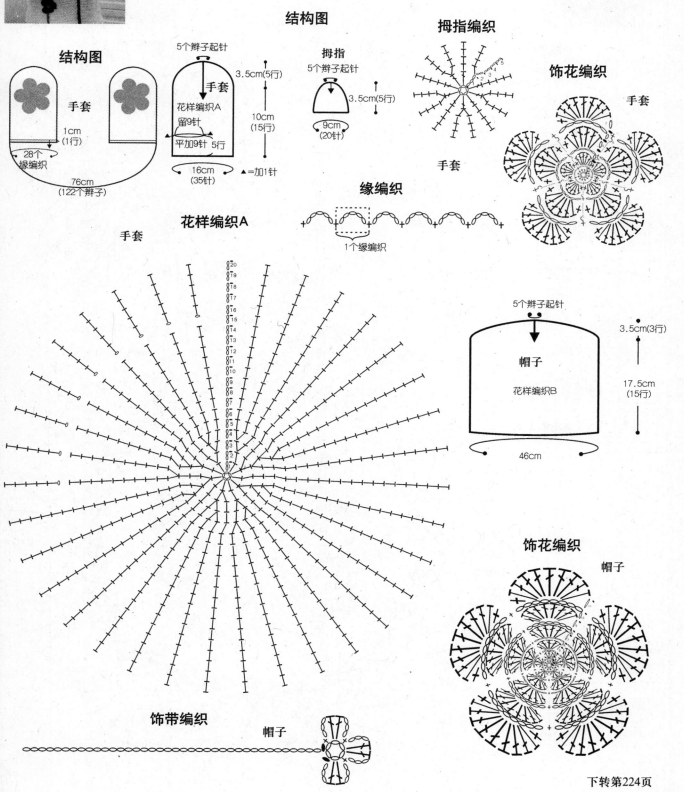

结构图

结构图

手套

1cm
(1行)

28个
缘编织

76cm
(122个辫子)

5个辫子起针

手套

3.5cm(5行)

花样编织A
留9针

平加9针　5行

16cm
(35针)

▲=加1针

10cm
(15行)

结构图

拇指
5个辫子起针

9cm
(20针)

3.5cm(5行)

拇指编织

手套

饰花编织

手套

缘编织

1个缘编织

花样编织A

手套

5个辫子起针

帽子

花样编织B

3.5cm(3行)

17.5cm
(15行)

46cm

饰花编织

帽子

饰带编织

帽子

下转第224页

材　料：中粗羊毛线黄色90g、
　　　　绿色、玫红色各适量

工　具：2/0号钩针

成品尺寸：帽深18cm、帽围49cm

编织密度：花样编织　27针×10行/10cm

饰花编织

结构图

帽子
按花样编织

5cm
(5行)

13cm
(13行)

49cm
(132针)

叶子编织

绿色

花样编织

黄色

省略10行

饰花配色表

第7~8行	玫红色2行
第5~6行	黄色2行
第3~4行	玫红色2行
第1~2行	黄色2行

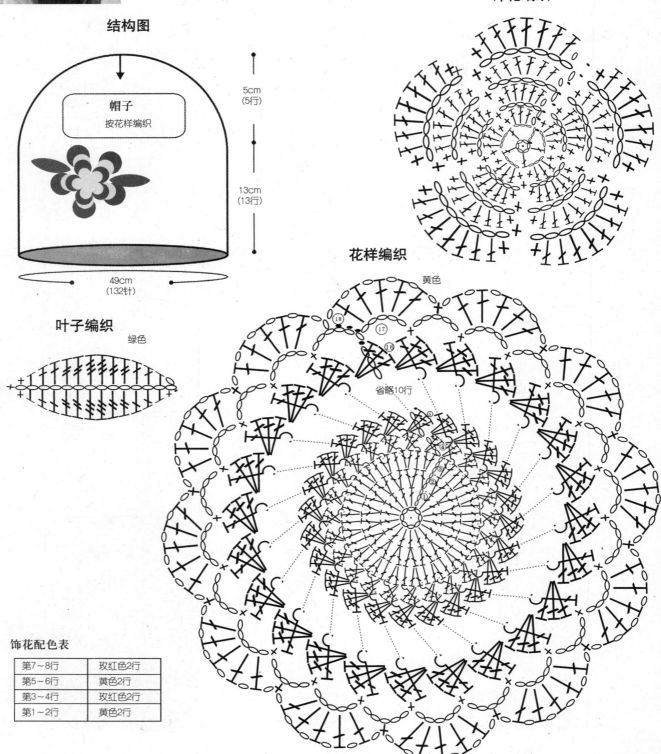

NO.72 彩图见第100页

材　料：中粗羊毛线段染蓝色
　　　　300g

工　具：5.1mm棒针

成品尺寸：衣长44cm、胸围60.5cm、背肩宽22cm、
　　　　　袖长16.5cm

编织密度：花样编织A、D，下针编织
　　　　　双罗纹编织　　13针×22行/10cm
　　　　　花样编织B、C　20针×22行/10cm

花样编织B

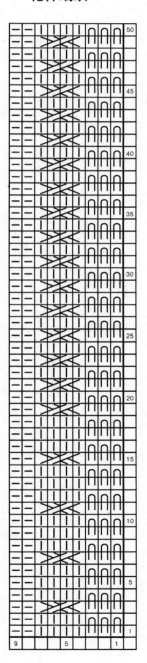

花样编织C

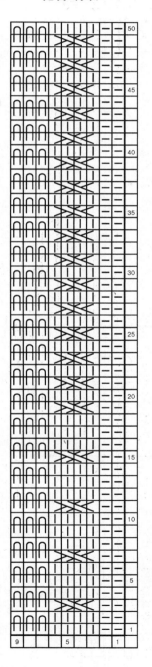

花样编织D

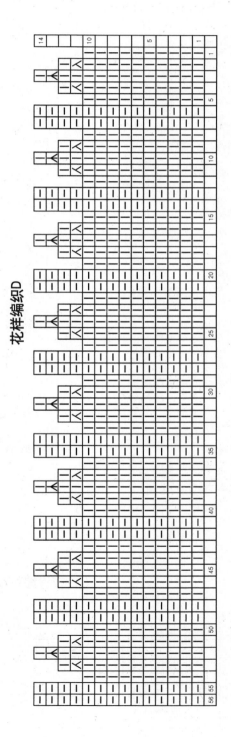

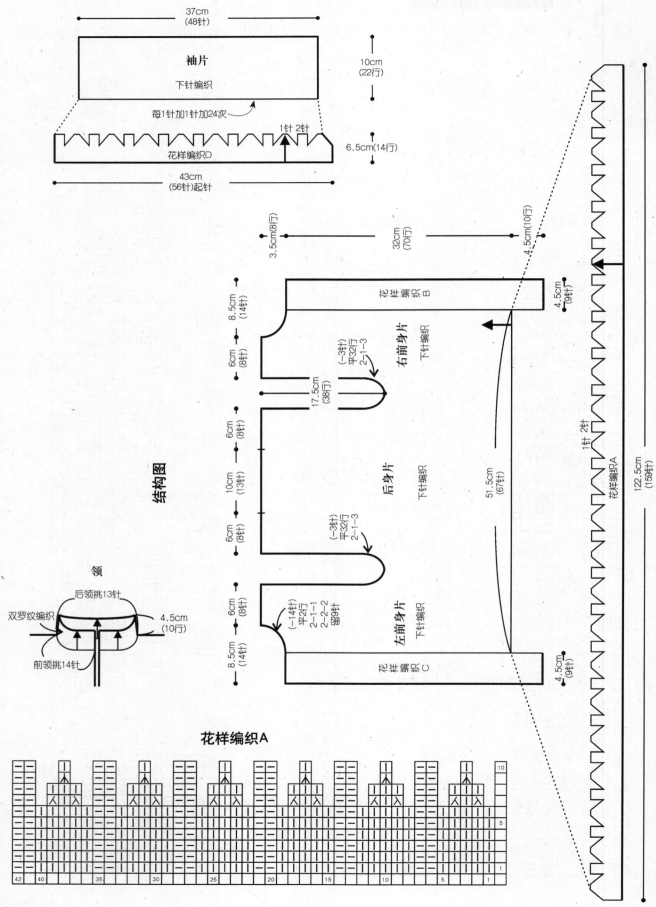

37cm
(48针)

袖片

下针编织

每1针加1针加24次

1针 2针

花样编织D

43cm
(56针)起针

10cm
(22行)

6.5cm(14行)

3.5cm(8行)

32cm
(70行)

4.5cm(10行)

4.5cm
(9针)

花样编织B

右前身片

下针编织

8.5cm
(14针)

6cm
(8针)

17.5cm
(38行)

(-3针)
平32行
2-1-3

后身片

下针编织

6cm
(8针)

10cm
(13针)

6cm
(8针)

(-3针)
平32行
2-1-3

51.5cm
(67针)

1针 2针

花样编织A

122.5cm
(159针)

结构图

6cm
(8针)

8.5cm
(14针)

(-14针)
平2行
2-1-1
2-2-2
留9针

左前身片

下针编织

花样编织C

4.5cm
(9针)

领

后领挑13针

双罗纹编织

4.5cm
(10行)

前领挑14针

花样编织A

10

5

1

42 40   35   30   25   20   15   10   5   1

材　　料：中粗羊毛线红色100g、
　　　　　白色60g，纽扣4颗

工　　具：2/0号钩针

成品尺寸：衣长32.5cm、胸围64cm、背肩宽22cm、
　　　　　袖长21.5cm

编织密度：花样编织A　22针×12行/10cm
　　　　　花样编织B　2.5cm×2.5cm/花样

结构图

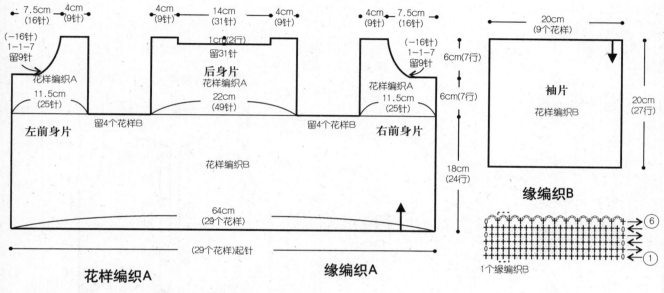

左前身片　　花样编织A　11.5cm（25针）
7.5cm（16针）　4cm（9针）　（-16针）1-1-7　留9针　花样编织A
留4个花样B

后身片　花样编织A　22cm（49针）
4cm（9针）　14cm（31针）　4cm（9针）　1cm（2行）　留31针
留4个花样B

右前身片　花样编织A　11.5cm（25针）
4cm（9针）　7.5cm（16针）　（-16针）1-1-7　留9针　花样编织A

花样编织B

64cm（29个花样）
（29个花样）起针

6cm（7行）　6cm（7行）　18cm（24行）

袖片　花样编织B
20cm（9个花样）　20cm（27行）

缘编织B

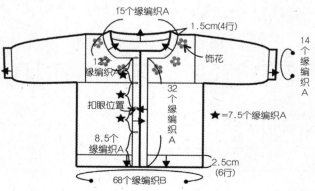

1个缘编织B

花样编织A

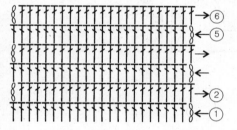

⑥⑤②①

缘编织A

④①

1个缘编织A

饰花编织

白色6枚

●=饰珠位置

花样编织B

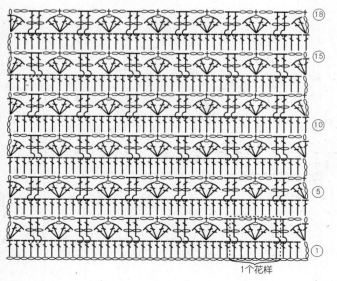

⑱⑮⑩⑤①

1个花样

缘编织A配色表

第4行	白色1行
第1～3行	红色3行

缘编织B配色表

第6行	白色1行
第1～5行	红色5行

花样编织B配色：
第1行红色，第2行白色，第3、4行红色，以第2、3、4行的颜色如此重复配色编织。

款式图

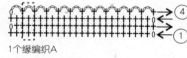

15个缘编织A　1.5cm（4行）

12个缘编织A　饰花

扣眼位置　32个缘编织A

8.5个缘编织A　★=7.5个缘编织A

14个缘编织A

2.5cm（6行）

68个缘编织B

229

材　　料：中粗羊毛线白色120g、
　　　　　粉色20g，纽扣4颗

成品尺寸：衣长33.5cm、胸围60cm、背肩宽24cm

工　　具：2/0号钩针

编织密度：花样编织　34针×11行/10cm

饰花编织

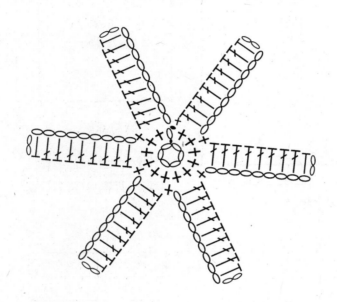

款式图

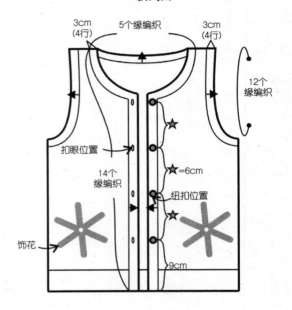

缘编织

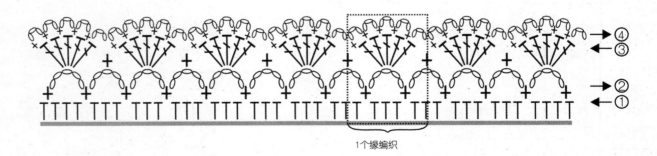

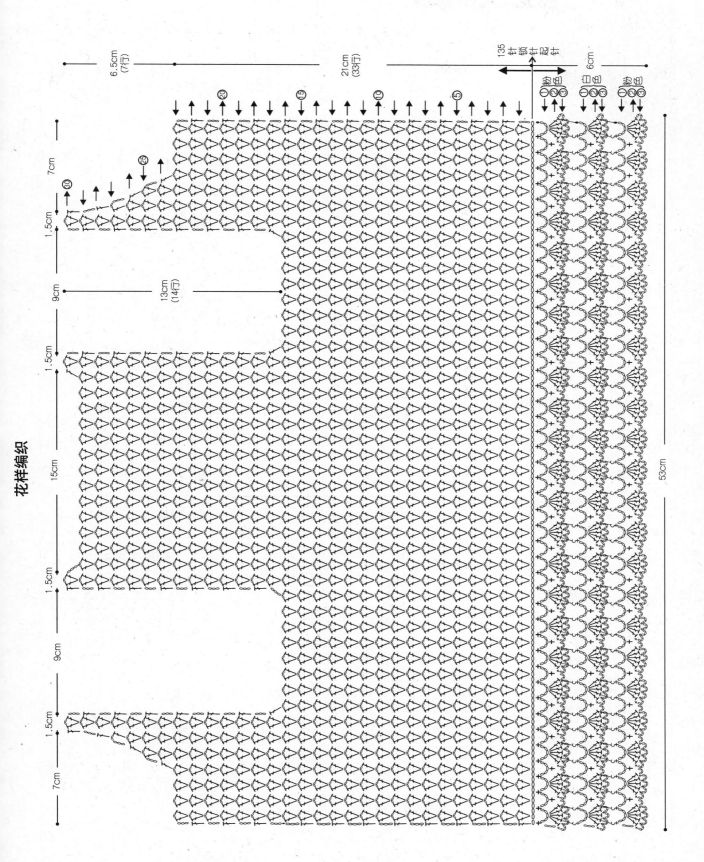

花样编织

231

材　料：中粗羊毛线黄色120g、紫色30g，红色和黑色各适量

成品尺寸：衣长44.5cm、胸围71cm、肩袖长37.5cm

工　具：1.5/0号钩针

编织密度：参考花样编织图

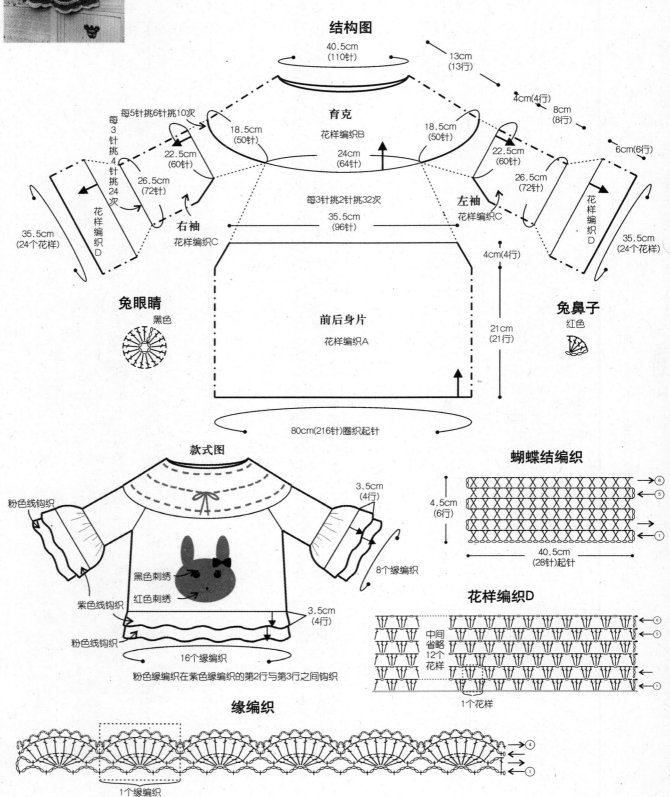

结构图

40.5cm（110针）

13cm（13行）

4cm（4行）

8cm（8行）

育克
花样编织B

18.5cm（50针）

18.5cm（50针）

6cm（6行）

每5针挑6针挑10次

22.5cm（60针）

22.5cm（60针）

26.5cm（72针）

26.5cm（72针）

24cm（64针）

每3针挑4针挑24次

右袖
花样编织C

左袖
花样编织C

花样编织D

花样编织D

每3针挑2针挑32次

35.5cm（96针）

35.5cm（24个花样）

35.5cm（24个花样）

4cm（4行）

兔眼睛
黑色

前后身片
花样编织A

21cm（21行）

兔鼻子
红色

80cm（216针）圈织起针

款式图

蝴蝶结编织

粉色线钩织

3.5cm（4行）

4.5cm（6行）

紫色线钩织

黑色刺绣

红色刺绣

8个缘编织

40.5cm（28针）起针

粉色线钩织

3.5cm（4行）

花样编织D

中间省略12个花样

16个缘编织

1个花样

粉色缘编织在紫色缘编织的第2行与第3行之间钩织

缘编织

1个缘编织

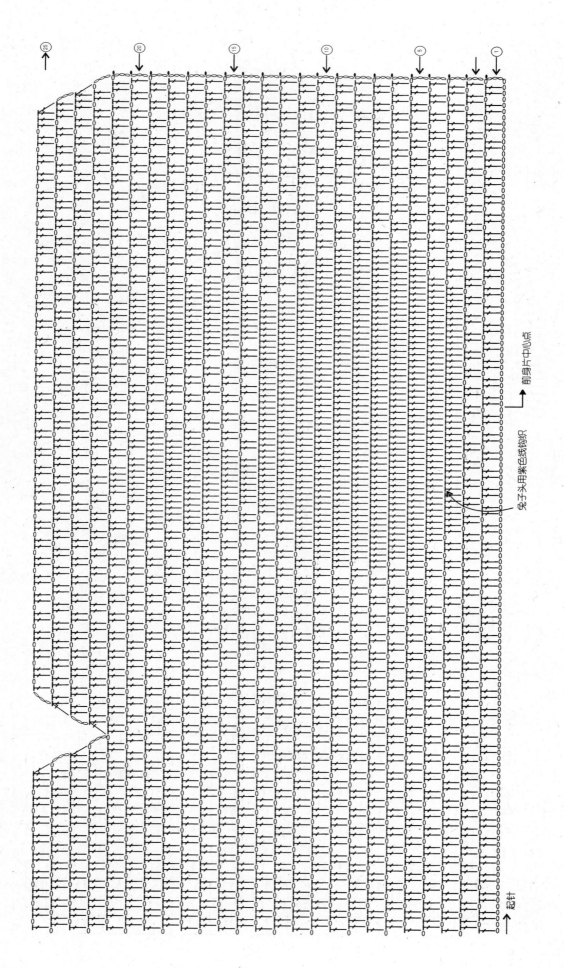

花样编织A

兔子头用茶色线钩织

前身片中心点

起

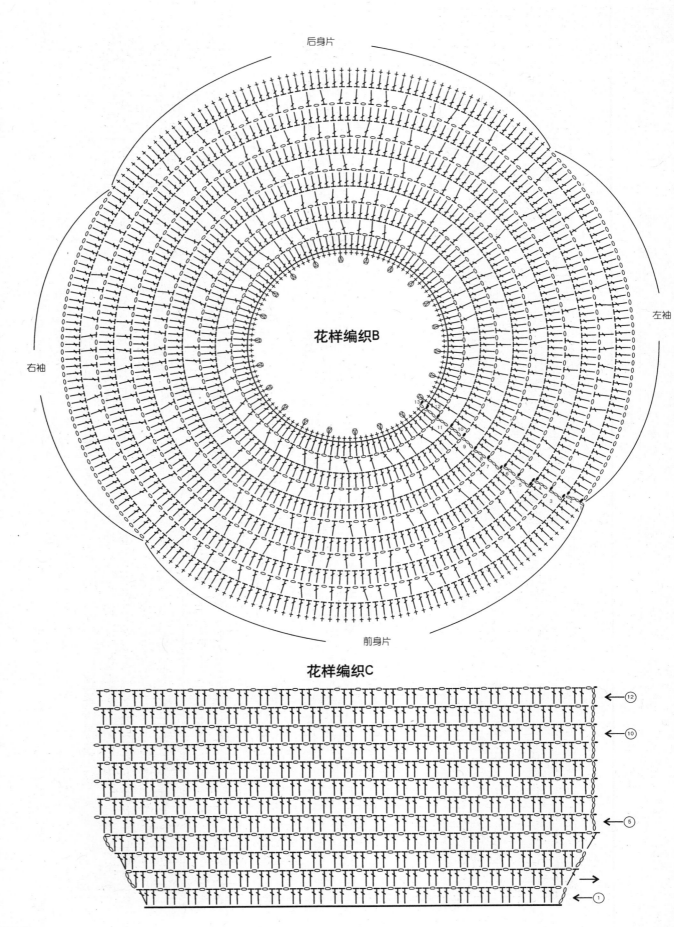

花样编织B

花样编织C

234

材　料：上衣　中粗羊毛线白色200g、
红色、粉色、绿色、蓝色、
紫色、黄色各适量，纽扣4颗
裤子　中粗羊毛线白色150g、
红色、粉色、绿色、蓝色、黄
色各适量，纽扣7颗

工　具：2/0号钩针

成品尺寸：上衣　衣长31.5cm、胸围51.5cm、
背肩宽20cm、袖长21cm
裤子　裤长39cm、腰围48cm

编织密度：上衣
花样编织A、B　35针×12行/10cm
裤子
花样编织C　27.5针×8行/10cm
花样编织D　37针×12行/10cm

款式图

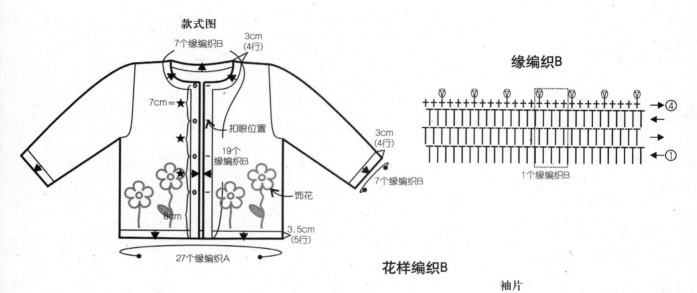

缘编织B

7个缘编织B

3cm（4行）

7cm=★

扣眼位置

19个缘编织B

8cm

饰花

3cm（4行）

7个缘编织B

3.5cm（5行）

27个缘编织A

1个缘编织B

饰花编织组合

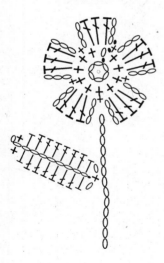

花样编织B

袖片

24cm

2.5cm（3行）

15cm（18行）

24cm

▲=与袖窿拼接点　　※第4行开始圈织

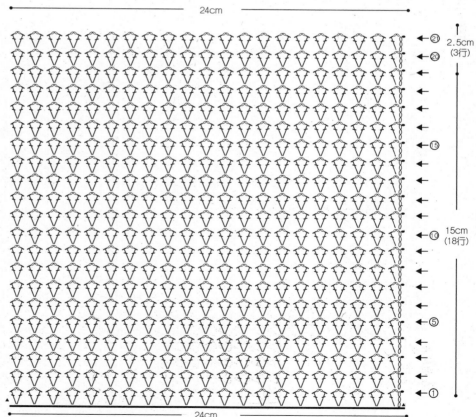

235

缘编织A

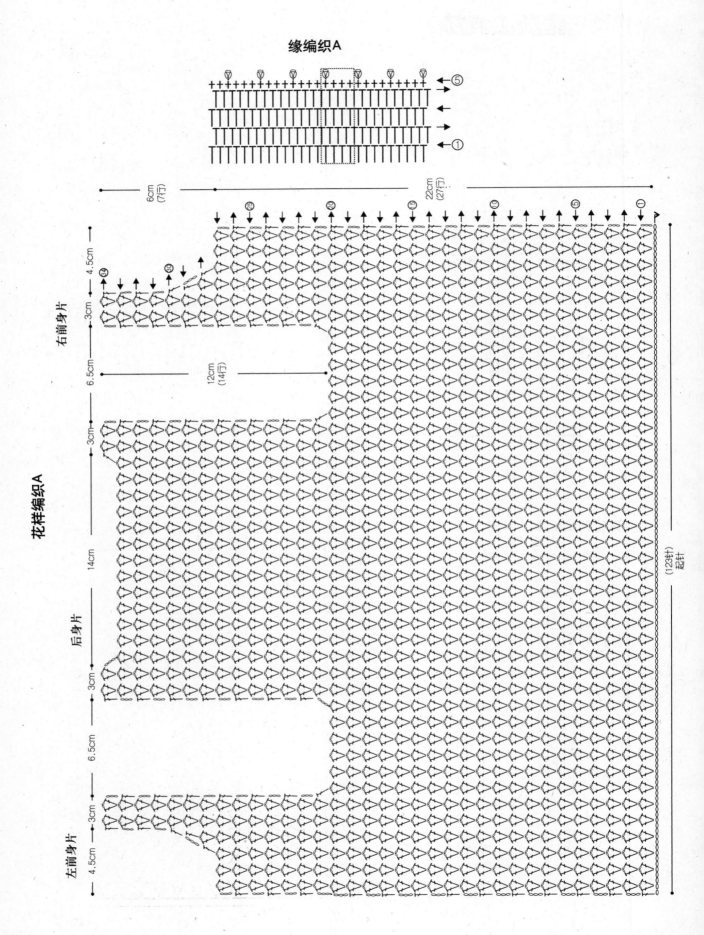

花样编织A

右前身片

后身片

左前身片

结构图

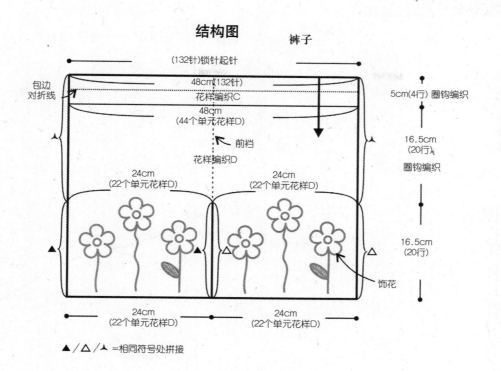

裤子

(132针)锁针起针

包边
对折线

48cm(132针)
花样编织C

48cm
(44个单元花样D)

前裆

花样编织D

24cm
(22个单元花样D)

24cm
(22个单元花样D)

饰花

24cm
(22个单元花样D)

24cm
(22个单元花样D)

5cm(4行) 圈钩编织

16.5cm
(20行)

圈钩编织

16.5cm
(20行)

▲／△／⊿=相同符号处拼接

款式图

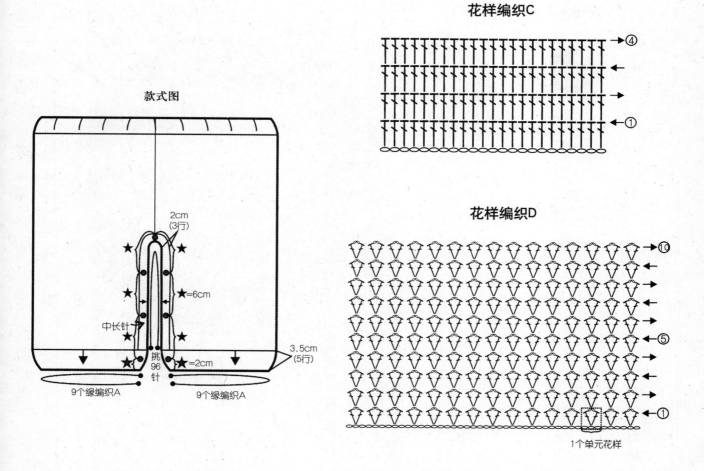

2cm
(3行)

★=6cm

中长针

3.5cm
(5行)

挑96针

★=2cm

9个缘编织A

9个缘编织A

花样编织C

④

①

花样编织D

⑩

⑤

①

1个单元花样

材　　料：中粗羊毛线红色100g、
　　　　　粉红色20g、黑色适量

成品尺寸：帽深19cm、帽围48cm

工　　具：2.5/0钩针

编织密度：花样编织　24针×28行/10cm

花样编织C

蝴蝶结

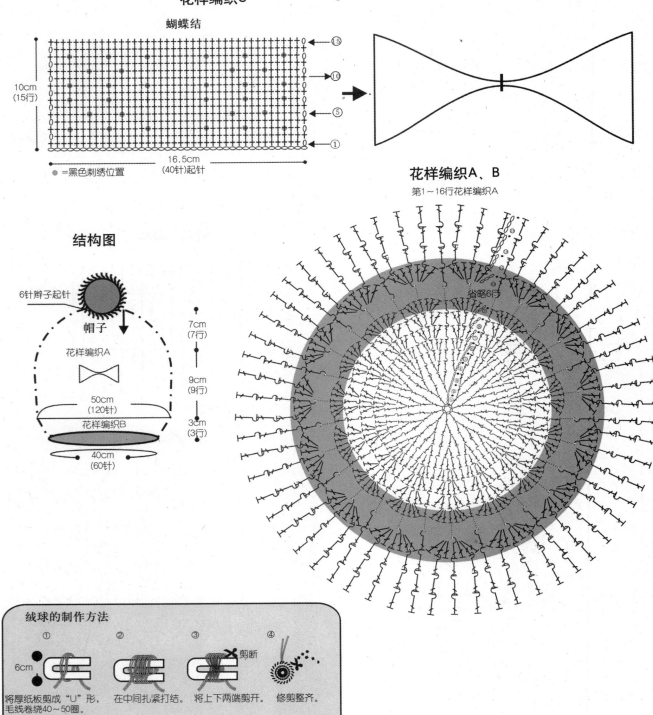

10cm
(15行)

⑮
⑩
⑤
①

16.5cm
(40针)起针

● =黑色刺绣位置

花样编织A、B

第1～16行花样编织A

省略6行

结构图

6针辫子起针

帽子

花样编织A

花样编织B

50cm
(120针)

40cm
(60针)

7cm
(7行)

9cm
(9行)

3cm
(3行)

绒球的制作方法

① 6cm
②
③ 剪断
④

将厚纸板剪成"U"形，　在中间扎紧打结。　将上下两端剪开。　修剪整齐。
毛线卷绕40～50圈。

238

材　　料：中粗羊毛线白色350g、
红色、深蓝色各25g

成品尺寸：衣长48.5cm、胸围69cm、背肩宽22.5cm

工　　具：2/0号钩针

编织密度：花样编织A、B　18针×9行/10cm

花样编织A

饰花编织A
第3行深蓝色
第1~2行红色

饰花编织B
第3行红色
第1~2行深蓝色

16.5cm
(15行)

4cm
(7针)

14.5cm
(27针)

4cm
(7针)

前身片

10cm
(9行)

=2针深蓝色

=1针红色

29cm
(26行)

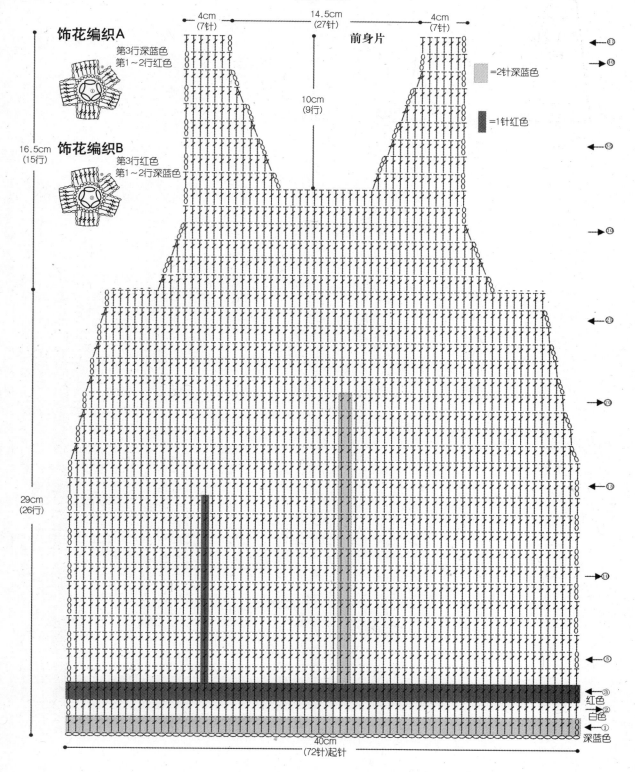

红色
白色
深蓝色

40cm
(72针)起针

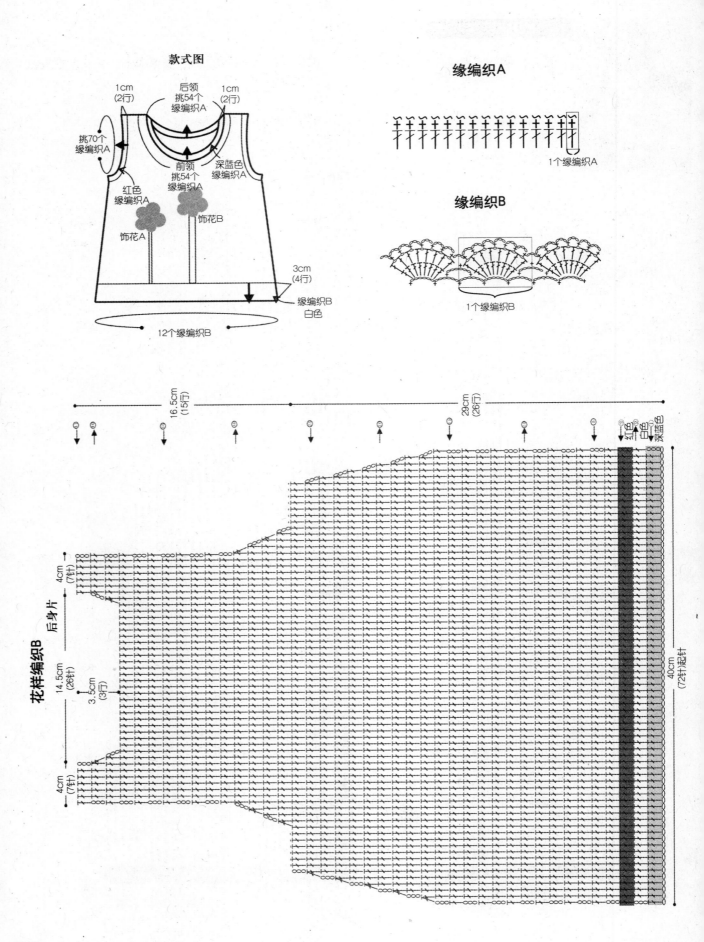

款式图

1cm
(2行)

后领
挑54个
缘编织A

1cm
(2行)

挑70个
缘编织A

红色
缘编织A

前领
挑54个
缘编织A

深蓝色
缘编织A

饰花A

饰花B

3cm
(4行)

缘编织B
白色

12个缘编织B

缘编织A

1个缘编织A

缘编织B

1个缘编织B

16.5cm
(15行)

29cm
(26行)

40cm
(72针)起针

红色
白色
深蓝色

花样编织B

后身片

4cm
(7针)

14.5cm
(26针)

3.5cm
(3行)

4cm
(7针)

NO.79 彩图见第108页

材　　料：中粗羊毛线蓝色100g　　　　成品尺寸：帽深21cm、帽围46.5cm

工　　具：1.75/0号钩针　　　　编织密度：参考花样编织图

结构图　　　　　　　　　　　　　**款式图**

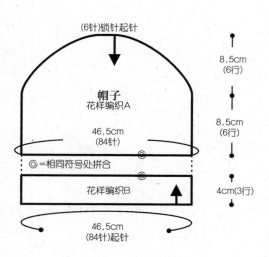

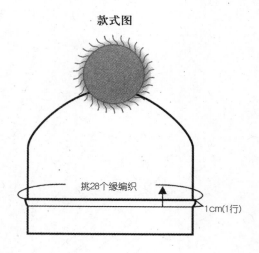

绒球的制作方法

① ② ③ 剪断 ④

将厚纸板剪成"U"形，　在中间扎紧打结。　将上下两端剪开。　修剪整齐。
毛线卷绕40～50圈。

缘编织

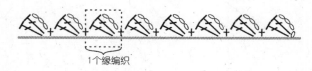

1个缘编织

花样编织B

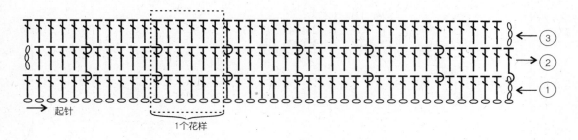

起针

1个花样

241

花样编织A

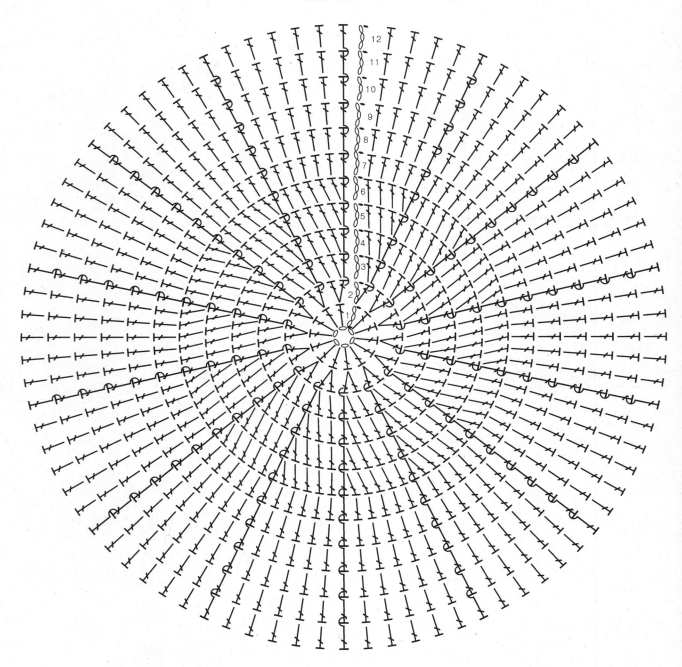

材　　料：中粗羊毛线红色200g、
　　　　　白色40g

工　　具：1.75/0号钩针

成品尺寸：衣长44.5cm、胸围63cm、背肩宽22.5cm、
　　　　　袖长6.5cm

编织密度：花样编织A　21针×12行/10cm
　　　　　花样编织B～E　参考花样编织图

结构图

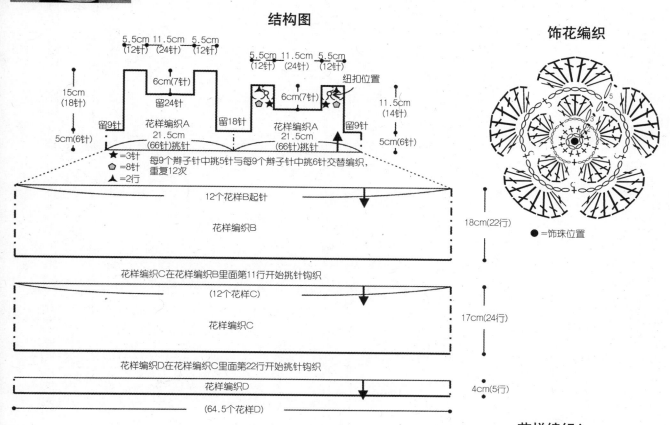

饰花编织

●=饰珠位置

花样编织A

款式图

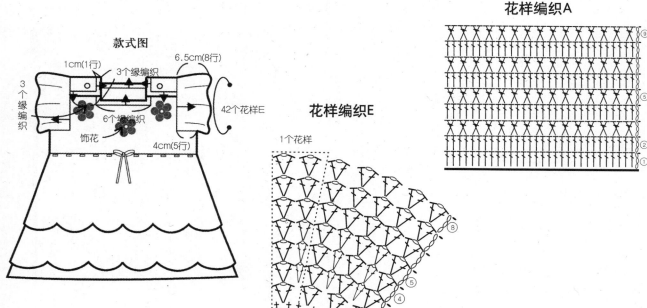

花样编织E

1个花样

花样编织B

1个花样

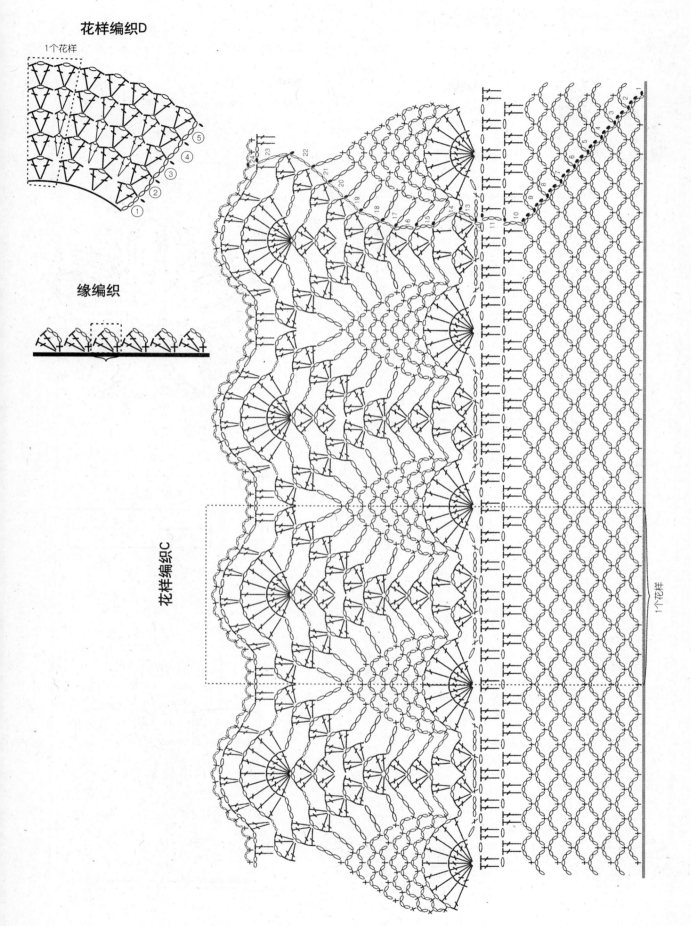

花样编织D

1个花样

缘编织

花样编织C

1个花样

245

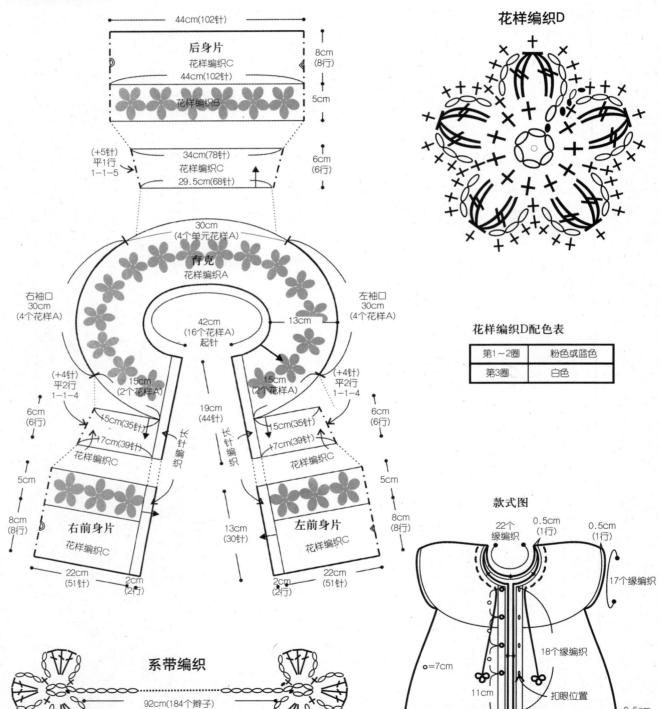

材　料：中粗羊毛线白色150g、粉色20g、蓝色20g，纽扣4颗

工　具：2/0号钩针

成品尺寸：衣长33cm、胸围64.5cm、肩袖长13.5cm

编织密度：花样编织A、B　参考花样编织图
花样编织C　23针×10行/10cm
花样编织D　直径5cm

结构图

44cm(102针)

后身片
花样编织C
44cm(102针)
花样编织B

8cm(8行)

5cm

(+5针)平1行 1-1-5

34cm(78针)
花样编织C
29.5cm(68针)

6cm(6行)

花样编织D

30cm(4个单元花样A)

育克
花样编织A

右袖口 30cm(4个花样A)

左袖口 30cm(4个花样A)

13cm

42cm(16个花样A)起针

(+4针)平2行 1-1-4

15cm(2个花样A)

15cm(2个花样A)

(+4针)平2行 1-1-4

6cm(6行)

6cm(6行)

15cm(35针)

17cm(39针)
花样编织C

长针编织

长针编织

19cm(44针)

15cm(35针)

17cm(39针)
花样编织C

5cm

5cm

8cm(8行)

8cm(8行)

右前身片
花样编织C

13cm(30针)

左前身片
花样编织C

22cm(51针)

2cm(2行)

2cm(2行)

22cm(51针)

花样编织D配色表

第1～2圈	粉色或蓝色
第3圈	白色

款式图

22个缘编织

0.5cm(1行)

0.5cm(1行)

17个缘编织

18个缘编织

○=7cm

11cm

扣眼位置

0.5cm(1行)

51个缘编织

系带编织

92cm(184个辫子)

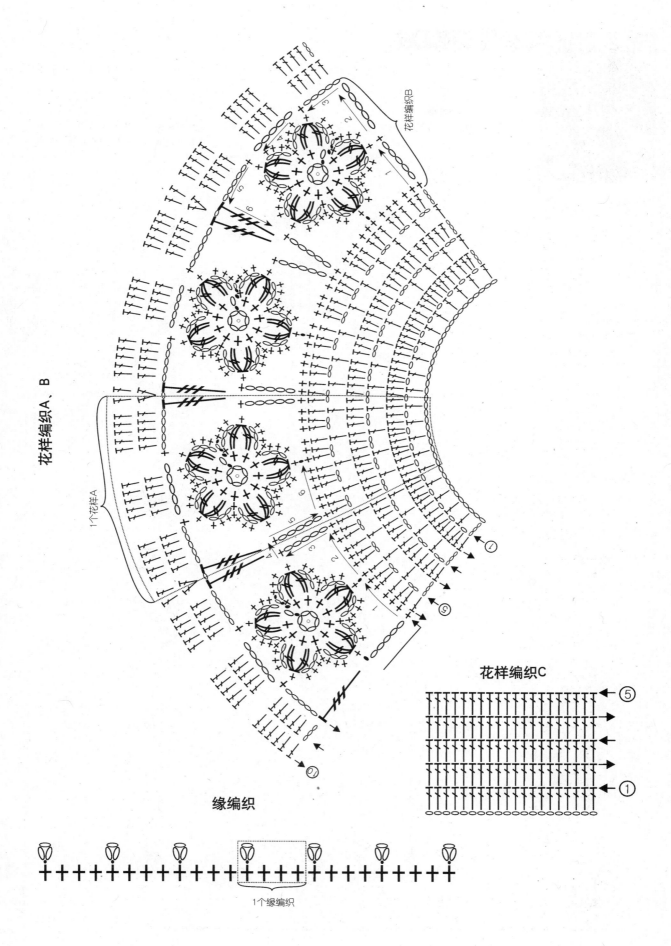

花样编织A、B

花样编织B

1个花样A

花样编织C

缘编织

1个缘编织

材　　料：中粗羊毛线蓝色150g、
　　　　　白色适量，纽扣2颗

成品尺寸：衣长37cm、胸围68cm、肩袖长13cm

工　　具：1.75/0号钩针

编织密度：花样编织A　　28针×11行/10cm
　　　　　花样编织B、C　参考花样编织图

缘编织

1个缘编织

花样编织C

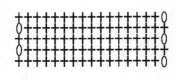

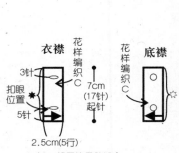

☆/✱=相同符号处缝合

花样编织B

1个花样

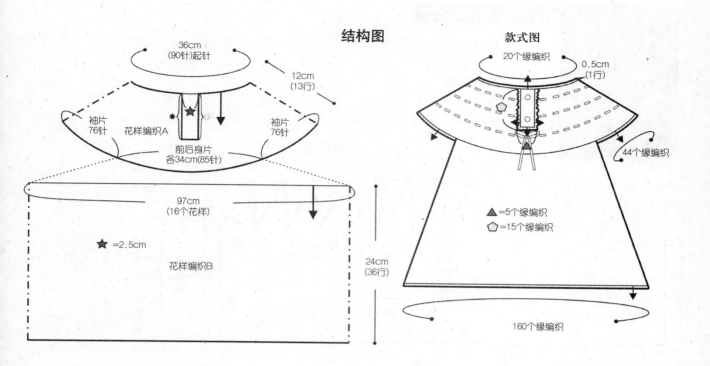

结构图

款式图

36cm
(90针)起针

12cm
(13行)

袖片
76针

花样编织A

袖片
76针

前后身片
各34cm(85针)

97cm
(16个花样)

★ =2.5cm

花样编织B

24cm
(36行)

20个缘编织

0.5cm
(1行)

44个缘编织

▲ =5个缘编织

⬠ =15个缘编织

160个缘编织

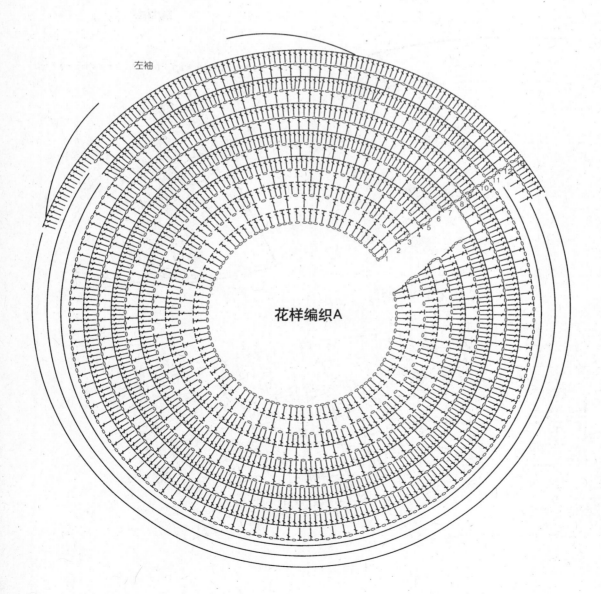

左袖

花样编织A

材　料：中粗羊毛线白色230g、蓝色20g

工　具：2/0号钩针

成品尺寸：披肩长35cm、下摆围105cm、领围37cm

编织密度：花样编织　参考花样编织图
　　　　　中心花样　7.5cm×7.5cm/花样

结构图

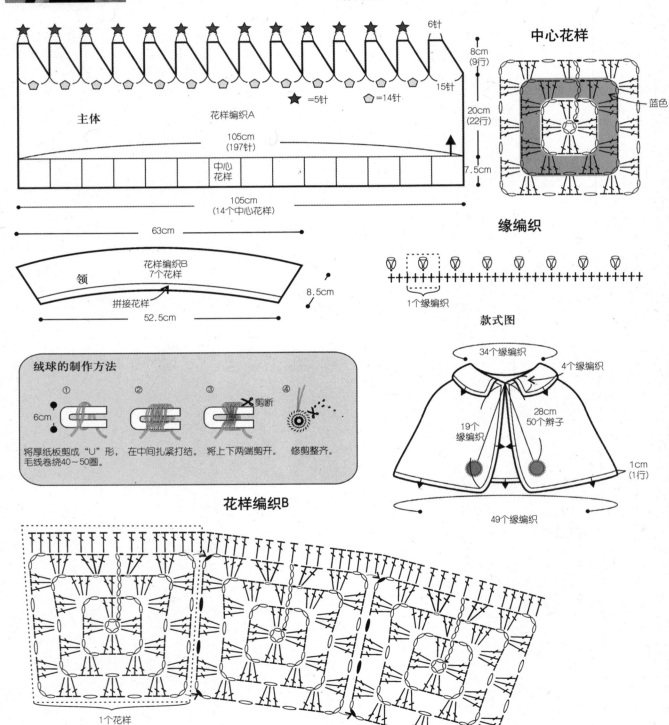

★ =5针　　⬠ =14针

主体　　花样编织A

8cm（9行）

20cm（22行）

7.5cm

6针

15针

105cm（197针）

中心花样

105cm（14个中心花样）

63cm

中心花样

蓝色

缘编织

1个缘编织

领

花样编织B
7个花样

拼接花样

52.5cm

8.5cm

绒球的制作方法

① ② ③ ✂剪断 ④

6cm

将厚纸板剪成"U"形，　在中间扎紧打结。　将上下两端剪开。　修剪整齐。
毛线卷绕40～50圈。

款式图

34个缘编织

4个缘编织

19个缘编织

28cm 50个辫子

1cm（1行）

49个缘编织

花样编织B

1个花样

拼接花样

花样编织A及中心花样的拼接

花样编织A

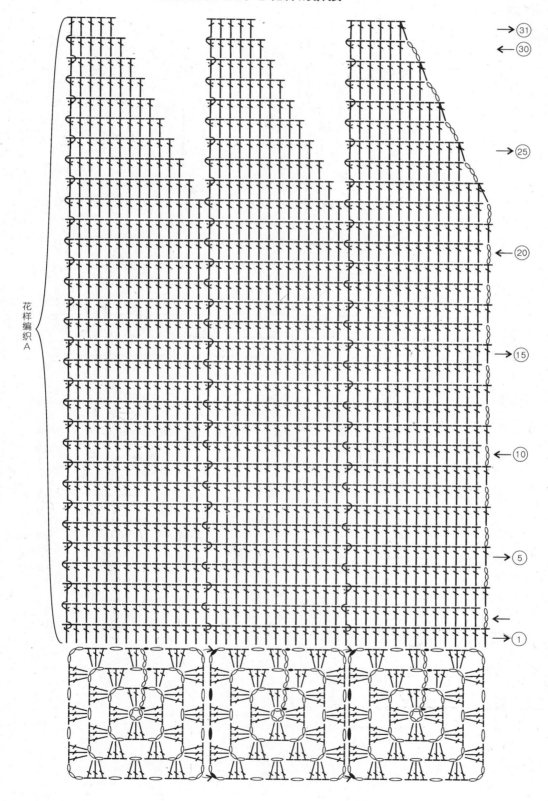

→ ③①
← ③⓪

→ ②⑤

← ②⓪

→ ①⑤

← ①⓪

→ ⑤

←

→ ①

材　　料：中粗羊毛线银灰色250g，纽扣3颗

工　　具：3.0mm棒针

成品尺寸：衣长26.5cm、胸围54cm、背肩宽24cm、袖长18.5cm

编织密度：下针编织、上下针编织
24针×32行/10cm

结构图

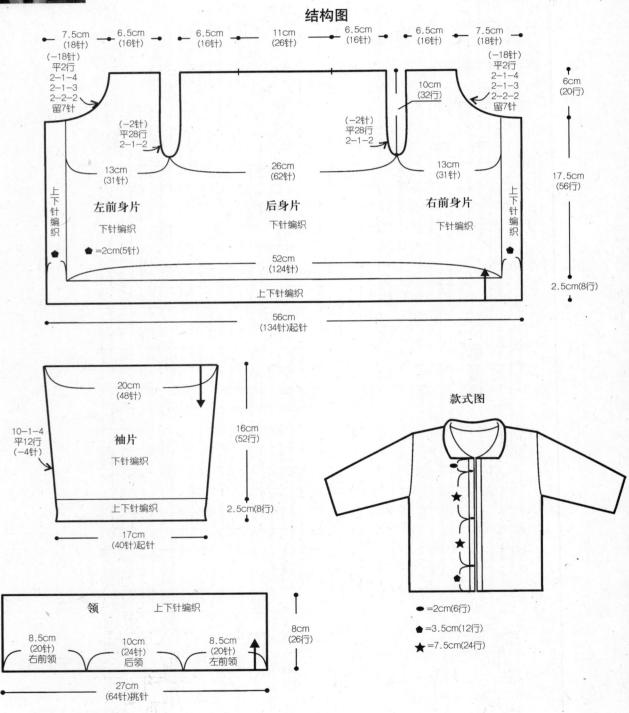

7.5cm（18针）　6.5cm（16针）　6.5cm（16针）　11cm（26针）　6.5cm（16针）　6.5cm（16针）　7.5cm（18针）

（-18针）
平2行
2-1-4
2-1-3
2-2-2
留7针

6cm（20行）

10cm（32行）

（-2针）
平28行
2-1-2

13cm（31针）　26cm（62针）　13cm（31针）

17.5cm（56行）

左前身片　下针编织　后身片　下针编织　右前身片　下针编织

上下针编织

●=2cm（5针）

52cm（124针）

2.5cm（8行）

上下针编织

56cm（134针）起针

20cm（48针）

16cm（52行）

10-1-4
平12行
（-4针）

袖片　下针编织

上下针编织

2.5cm（8行）

17cm（40针）起针

领　上下针编织

8cm（26行）

8.5cm（20针）右前领　10cm（24针）后领　8.5cm（20针）左前领

27cm（64针）挑针

款式图

●=2cm（6行）

⬟=3.5cm（12行）

★=7.5cm（24行）

材　料：中粗羊毛线粉红色400g，
　　　　纽扣4颗

工　具：2/0号钩针

成品尺寸：衣长29cm、胸围60cm、背肩宽20cm

编织密度：花样编织　　20针×23行/10cm

缘编织

+ + + + + + + + + + + + +
1个缘编织

花样编织

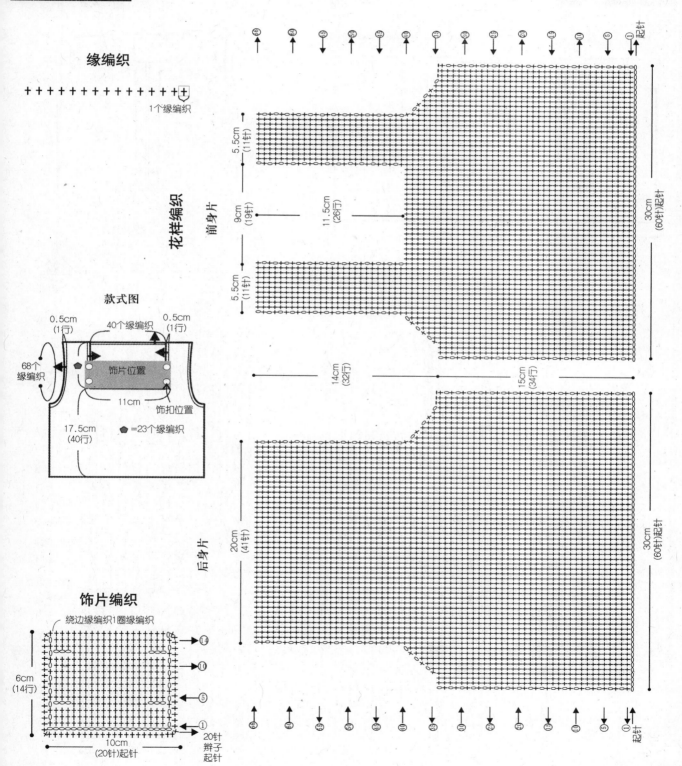

款式图

0.5cm
(1行)
40个缘编织
0.5cm
(1行)

68个
缘编织

饰片位置

11cm

饰扣位置

17.5cm
(40行)

🔻 =23个缘编织

前身片

5.5cm
(11针)

9cm
(19针)

11.5cm
(26行)

5.5cm
(11针)

14cm
(32行)

15cm
(34行)

30cm
(60针)起针

后身片

20cm
(41针)

30cm
(60针)起针

饰片编织

绕边缘编织1圈缘编织

6cm
(14行)

⑭
⑩
⑤
①

10cm
(20针)起针

20针
辫子
起针

材　　料：超粗羊毛线茶色150g、
　　　　　浅茶色100g、

工　　具：2/0号钩针

成品尺寸：衣长24.5cm、胸围65cm、背肩宽27cm

编织密度：花样编织　20针×9行/10cm

结构图

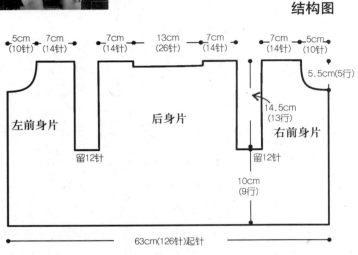

5cm
(10针)　7cm
(14针)　7cm
(14针)　13cm
(26针)　7cm
(14针)　7cm
(14针)　5cm
(10针)

5.5cm(5行)

左前身片　　后身片　　右前身片

14.5cm
(13行)

留12针　　　留12针

10cm
(9行)

63cm(126针)起针

款式图

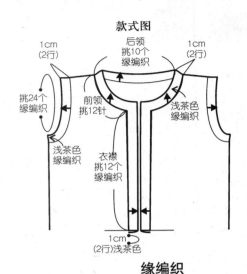

1cm
(2行)

后领
挑10个
缘编织

1cm
(2行)

挑24个
缘编织

前领
挑12针

浅茶色
缘编织

浅茶色
缘编织

衣襟
挑12个
缘编织

1cm
(2行)浅茶色

缘编织

1个缘编织

花样编织

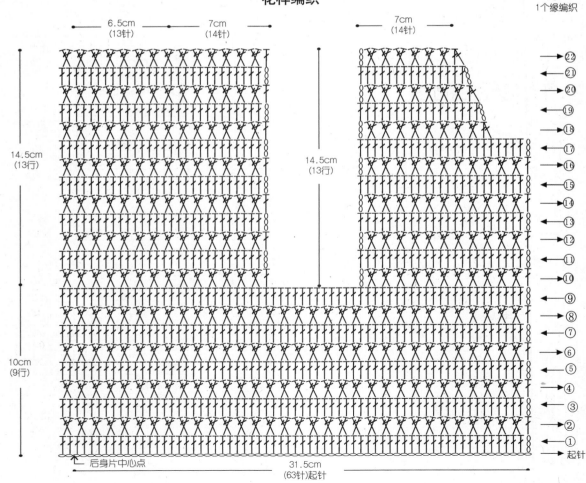

6.5cm
(13针)　7cm
(14针)　　7cm
(14针)

14.5cm
(13行)

14.5cm
(13行)

22
21
20
19
18
17
16
15
14
13
12
11
10
9
8
7
6
5
4
3
2
1
起针

10cm
(9行)

后身片中心点

31.5cm
(63针)起针

材　　料：中粗羊毛线绿色600g，
　　　　　纽扣5颗

成品尺寸：衣长44cm、胸围77cm、肩袖长42cm

工　　具：4.0mm棒针

编织密度：下针编织、上下针编织、双罗纹编织
　　　　　23针×36行/10cm

结构图

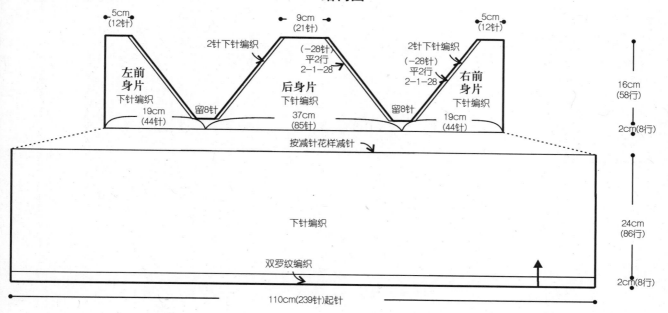

5cm
(12针)

9cm
(21针)

5cm
(12针)

2针下针编织

(−28针)
平2行
2−1−28

2针下针编织

(−28针)
平2行
2−1−28

左前
身片
下针编织

后身片
下针编织

右前
身片
下针编织

留8针

19cm
(44针)

37cm
(85针)

留8针

19cm
(44针)

16cm
(58行)

2cm(8行)

按减针花样减针

下针编织

24cm
(86行)

双罗纹编织

2cm(8行)

110cm(239针)起针

减针花样编织

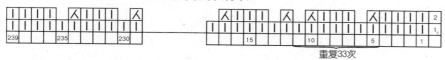

239　　235　　230　　　　　　　　　15　　　　10　　　　5　　　　1

重复33次

款式图

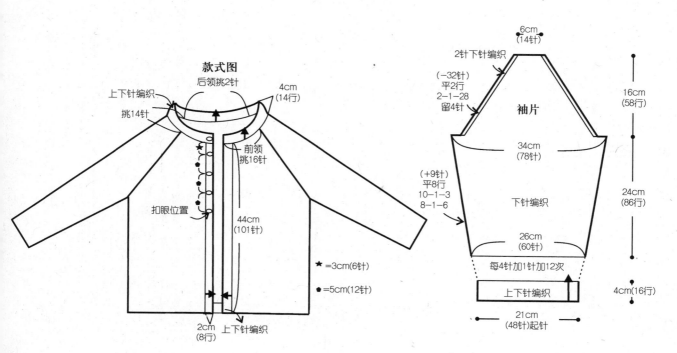

后领挑2针

4cm
(14行)

上下针编织

挑14针

前领
挑16针

★

扣眼位置

44cm
(101针)

●

2cm
(8行)

上下针编织

★=3cm(6针)

●=5cm(12针)

6cm
(14针)

2针下针编织

(−32针)
平2行
2−1−28
留4针

袖片

34cm
(78针)

16cm
(58行)

(+9针)
平8行
10−1−3
8−1−6

下针编织

24cm
(86行)

26cm
(60针)

每4针加1针加12次

上下针编织

21cm
(48针)起针

4cm(16行)

材　料：中粗羊毛线棕色250g，
　　　　纽扣2颗

工　具：2.5/0号钩针

成品尺寸：衣长40cm、胸围65cm、背肩宽24cm

编织密度：花样编织　20针×10行/10cm

缘编织A

1个缘编织A

缘编织B

1个缘编织B

缘编织C

1个缘编织C

款式图

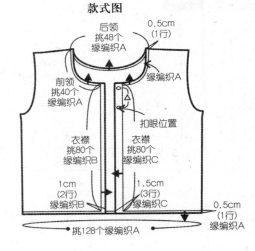

后领
挑48个
缘编织A

0.5cm
(1行)

前领
挑40个
缘编织A

缘编织A

扣眼位置

衣襟
挑80个
缘编织B

衣襟
挑80个
缘编织C

1cm
(2行)
缘编织B

1.5cm
(3行)
缘编织C

0.5cm
(1行)
缘编织A

挑128个缘编织A

花样编织

△=8个缘编织C

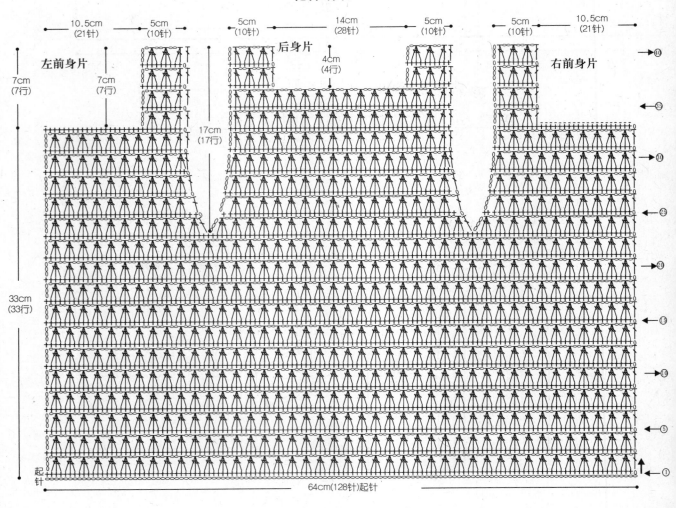

10.5cm
(21针)

5cm
(10针)

5cm
(10针)

14cm
(28针)

5cm
(10针)

5cm
(10针)

10.5cm
(21针)

左前身片

后身片

右前身片

7cm
(7行)

7cm
(7行)

4cm
(4行)

17cm
(17行)

33cm
(33行)

起针

64cm(128针)起针

NO.89 彩图见第126页

材　　料：中粗羊毛线浅粉色300g

成品尺寸：衣长46cm、胸围63cm、肩带3cm

工　　具：2/0号钩针

编织密度：花样编织　18针×12行/10cm
　　　　　中心花样　7cm×7cm/花样

花样编织

款式图

中心花样

肩带编织

17cm
(20行)

肩带

肩带

63cm(9个中心花样)

7cm

15cm
(18行)

6cm
(7行)

9cm
(11行)

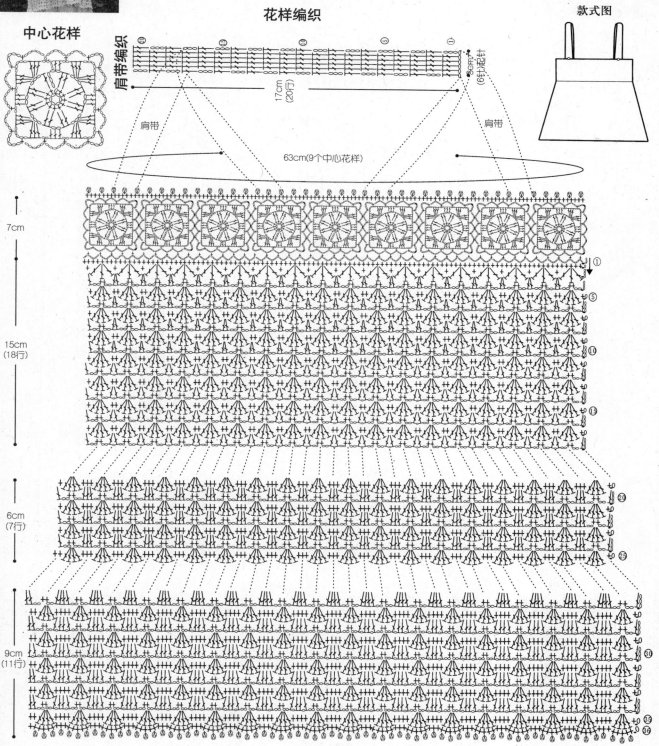

80cm(144针)

材　料：中粗羊毛线奶黄色200g，纽扣2颗

成品尺寸：衣长32cm、胸围52cm、背肩宽21cm

工　具：2/0号钩针

编织密度：花样编织　28针×10行/10cm

结构图

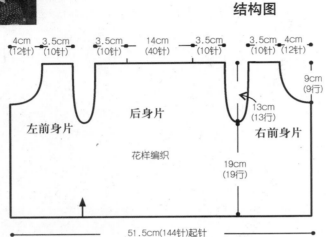

4cm（12针）　3.5cm（10针）　3.5cm（10针）　14cm（40针）　3.5cm（10针）　3.5cm（10针）　4cm（12针）

左前身片　　后身片　花样编织　　右前身片

13cm（13行）

9cm（9行）

19cm（19行）

51.5cm（144针）起针

款式图

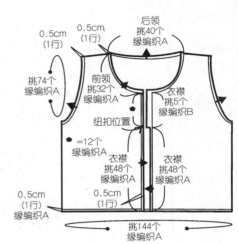

0.5cm（1行）　0.5cm（1行）　后领挑40个缘编织A

挑74个缘编织A

前领挑32个缘编织A

衣襟挑5个缘编织B

纽扣位置

●=12个缘编织A

衣襟挑48个缘编织A

衣襟挑48个缘编织A

0.5cm（1行）缘编织A　0.5cm（1行）

挑144个缘编织A

花样编织

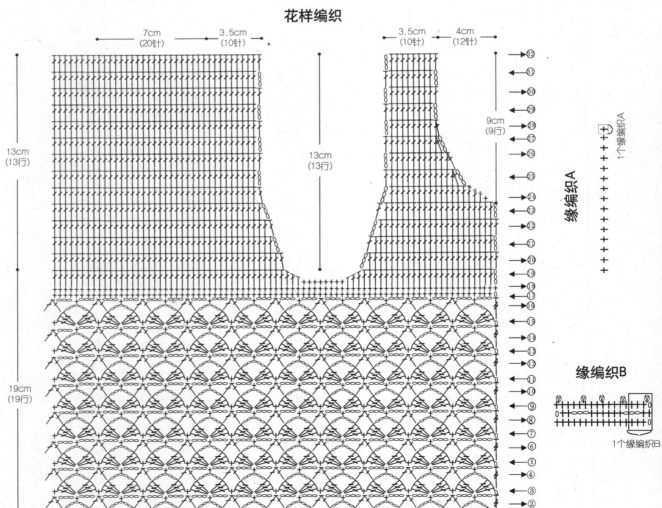

7cm（20针）　3.5cm（10针）　　3.5cm（10针）　4cm（12针）

13cm（13行）

13cm（13行）

9cm（9行）

19cm（19行）

后身片中心点

起针

缘编织A

1个缘编织A

缘编织B

1个缘编织B

258

材 料：中粗羊毛线粉红色400g，
白色少量

成品尺寸：衣长55.5cm、胸围72.5cm、背肩宽22cm

工 具：3.5mm棒针，2/0号钩针

编织密度：花样编织A～D、上下针编织
27针×30行/10cm

结构图

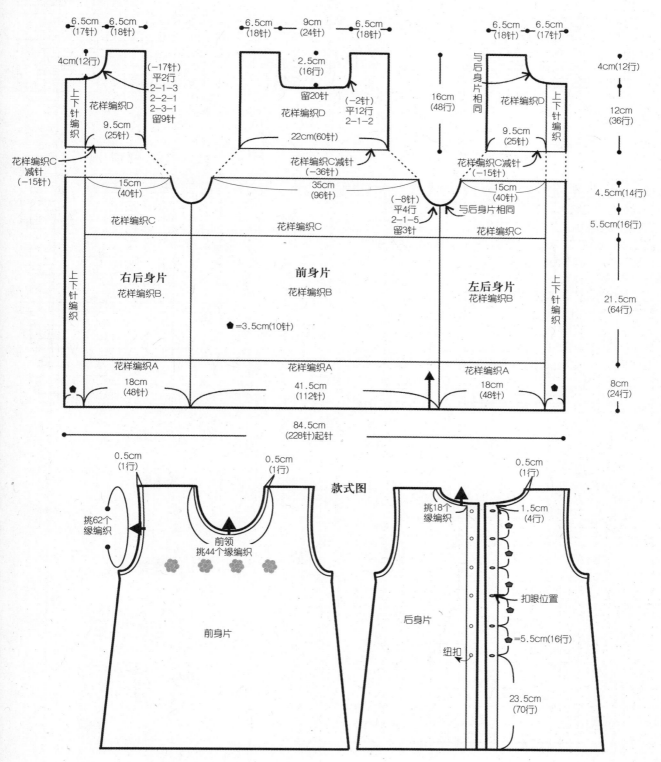

6.5cm(17针) 6.5cm(18针)

4cm(12行)

上下针编织

花样编织D
9.5针(25针)

(−17针)
平2行
2-1-3
2-2-1
2-3-1
留9针

花样编织C减针
(−15针)

6.5cm(18针) 9cm(24针) 6.5cm(18针)

2.5cm(16行)

留20针

花样编织D
22cm(60针)

(−2针)
平12行
2-1-2

与后身片相同

16cm(48行)

6.5cm(18针) 6.5cm(17针)

4cm(12行)

与后身片相同

花样编织D
9.5针(25针)

上下针编织

4cm(12行)

12cm(36行)

15cm(40针)

35cm(96针)

(−8针)
平4行
2-1-5
留3针

与后身片相同

15cm(40针)

花样编织C减针
(−36针)

花样编织C减针
(−15针)

4.5cm(14行)

花样编织C

花样编织C

花样编织C

5.5cm(16行)

上下针编织

右后身片
花样编织B

前身片
花样编织B

●=3.5cm(10针)

左后身片
花样编织B

上下针编织

21.5cm(64行)

花样编织A
18cm(48针)

花样编织A
41.5cm(112针)

花样编织A
18cm(48针)

8cm(24行)

84.5cm(228针)起针

款式图

0.5cm(1行)

0.5cm(1行)

0.5cm(1行)

挑62个缘编织

前领
挑44个缘编织

挑18个缘编织

1.5cm(4行)

扣眼位置

●=5.5cm(16针)

纽扣

前身片

后身片

23.5cm(70行)

花样编织A

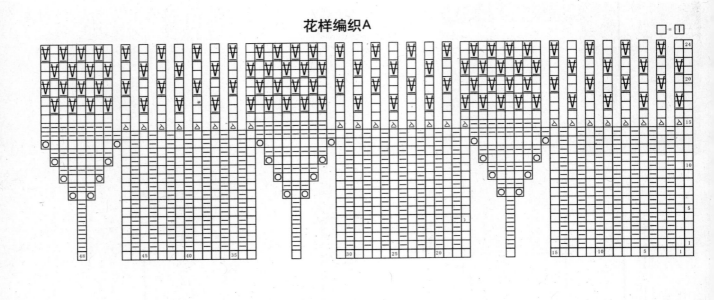

花样编织B

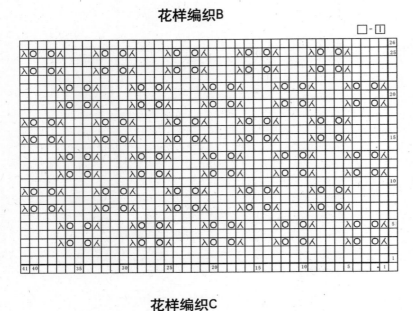

花样编织D

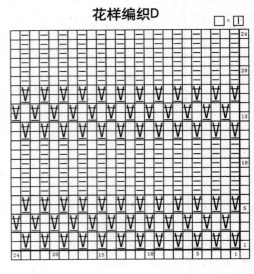

花样编织C

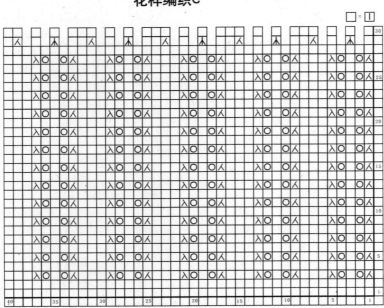

缘编织

白色

1个缘编织

饰花编织

白色

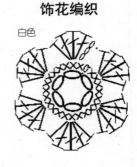

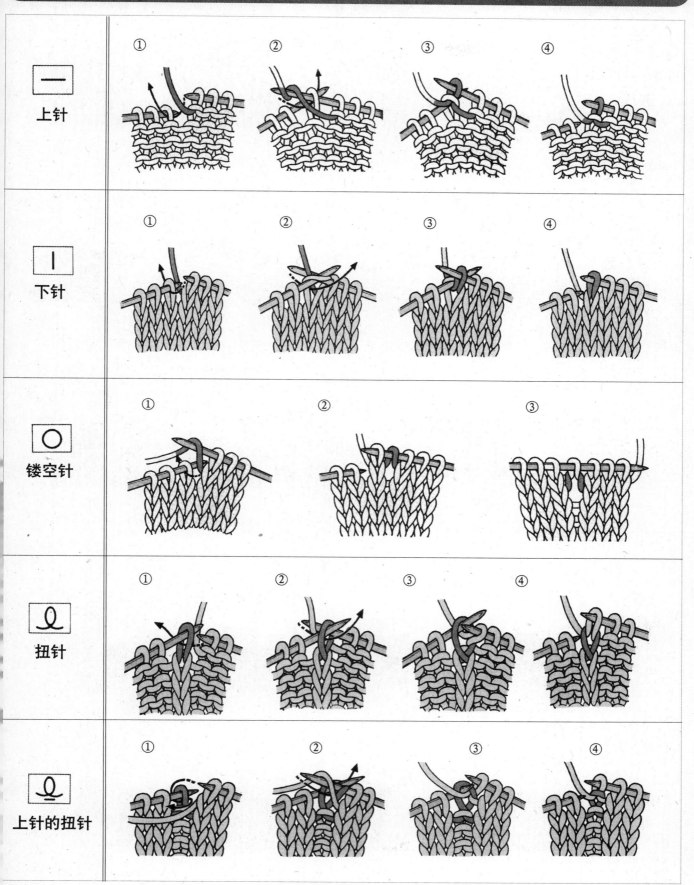

	①	②	③	④
上针				
下针				
镂空针	①	②	③
扭针	①	②	③	④
上针的扭针	①	②	③	④

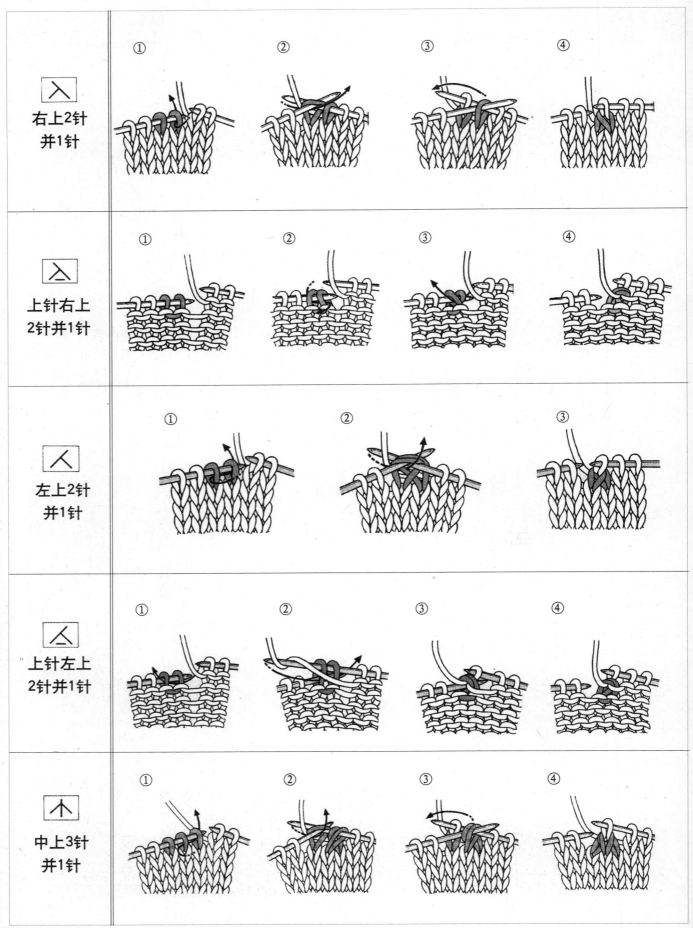

	①	②	③	④
入 右上2针并1针				
入 上针右上2针并1针				
人 左上2针并1针				
人 上针左上2针并1针				
个 中上3针并1针				

符号	①	②	③	④	⑤
⟦⋏⟧ 上针中上 3针并1针					
⟦⋏⟧ 右上 3针并1针		2针并1针			
⟦⋏⟧ 上针右上 3针并1针					
⟦⋏⟧ 左上 3针并1针					
⟦⋏⟧ 上针左上 3针并1针					

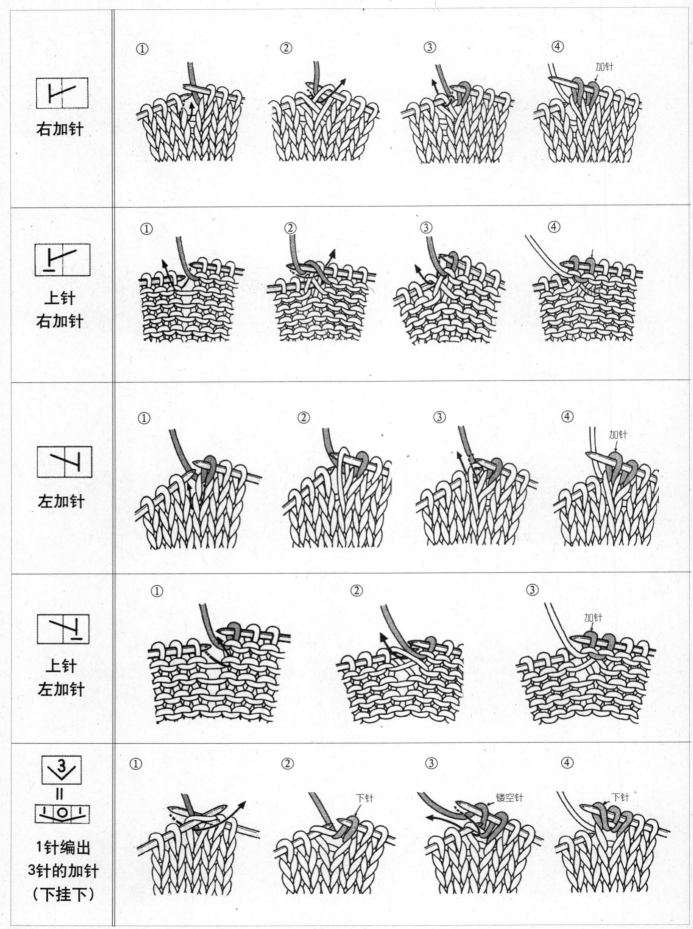

右加针

上针
右加针

左加针

上针
左加针

3
=
1针编出
3针的加针
(下挂下)

① ② ③ ④ 加针

① ② ③ ④

① ② ③ ④ 加针

① ② ③ 加针

① ② 下针 ③ 镂空针 ④ 下针

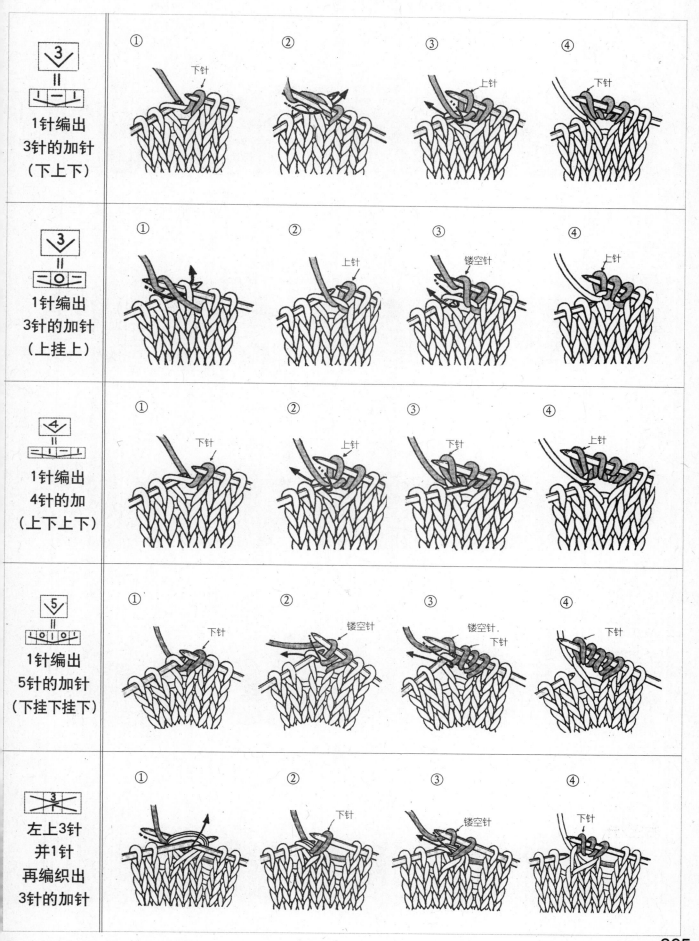

	①	②	③	④
3 **1针编出** **3针的加针** **（下上下）**	下针		上针	下针
3 **1针编出** **3针的加针** **（上挂上）**		上针	镂空针	上针
4 **1针编出** **4针的加** **（上下上下）**	下针	上针	下针	上针
5 **1针编出** **5针的加针** **（下挂下挂下）**	下针	镂空针	镂空针. 下针	下针
3 **左上3针** **并1针** **再编织出** **3针的加针**		下针	镂空针	下针

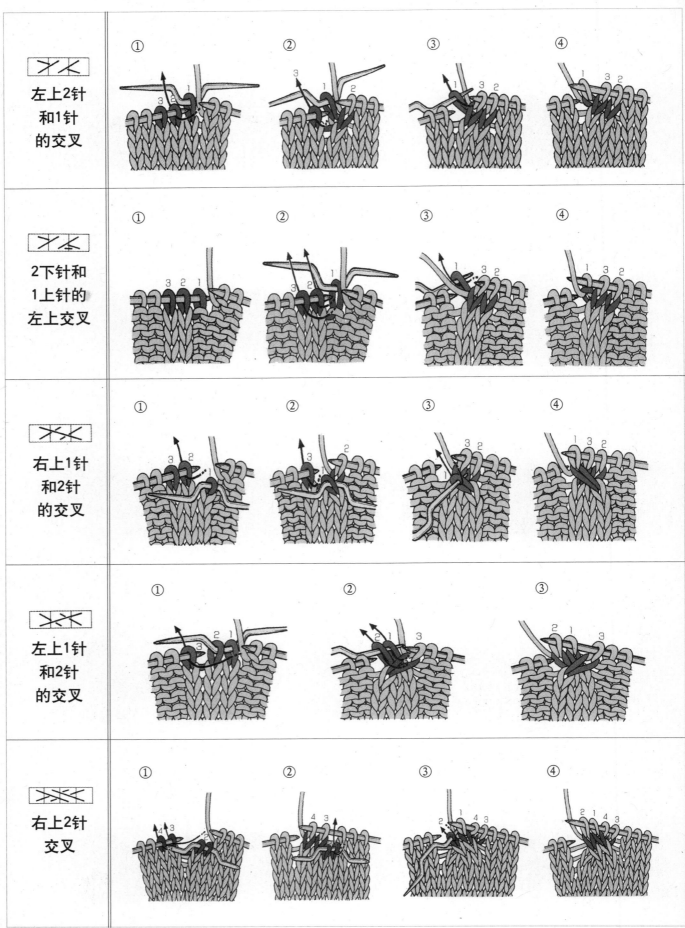

左上2针
和1针
的交叉

2下针和
1上针的
左上交叉

右上1针
和2针
的交叉

左上1针
和2针
的交叉

右上2针
交叉

266

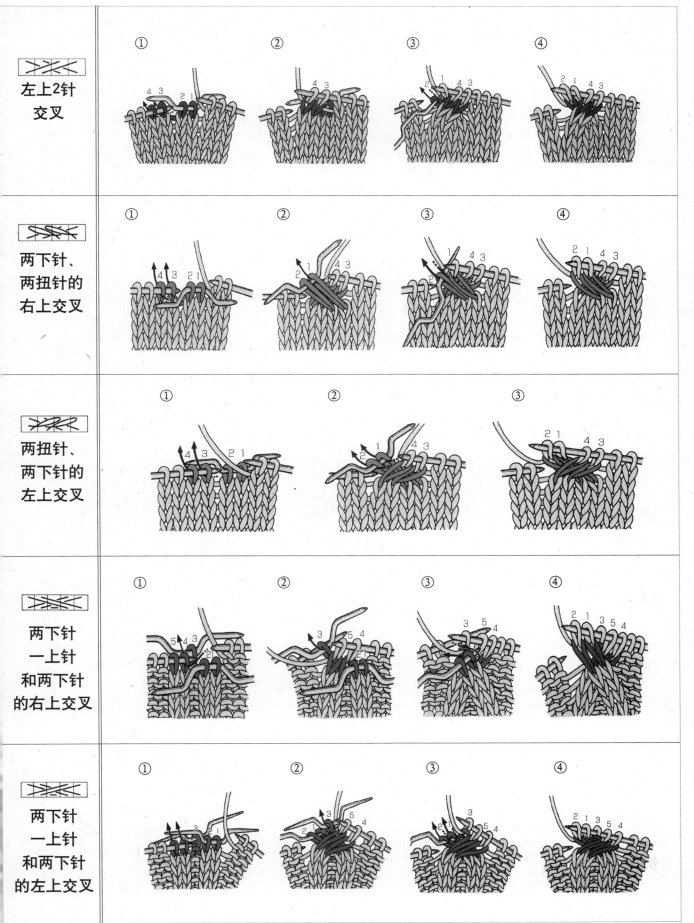

左上2针
交叉

两下针、
两扭针的
右上交叉

两扭针、
两下针的
左上交叉

两下针
一上针
和两下针
的右上交叉

两下针
一上针
和两下针
的左上交叉

钩 针 编 织 符 号 图 解

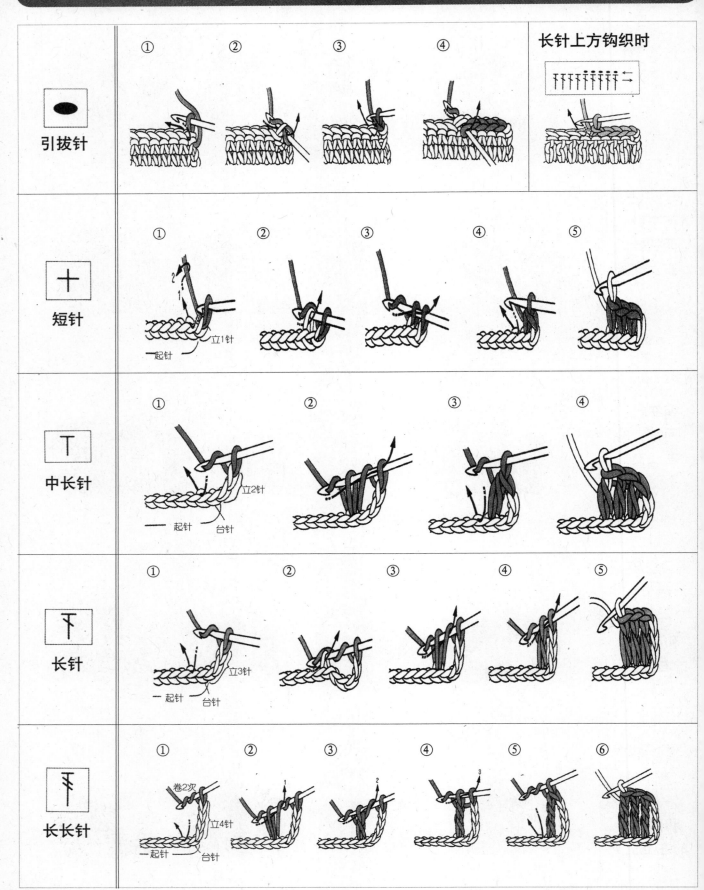

268

3个卷曲
长针

4个卷曲
长针

狗牙针

狗牙拉针

转角狗牙针

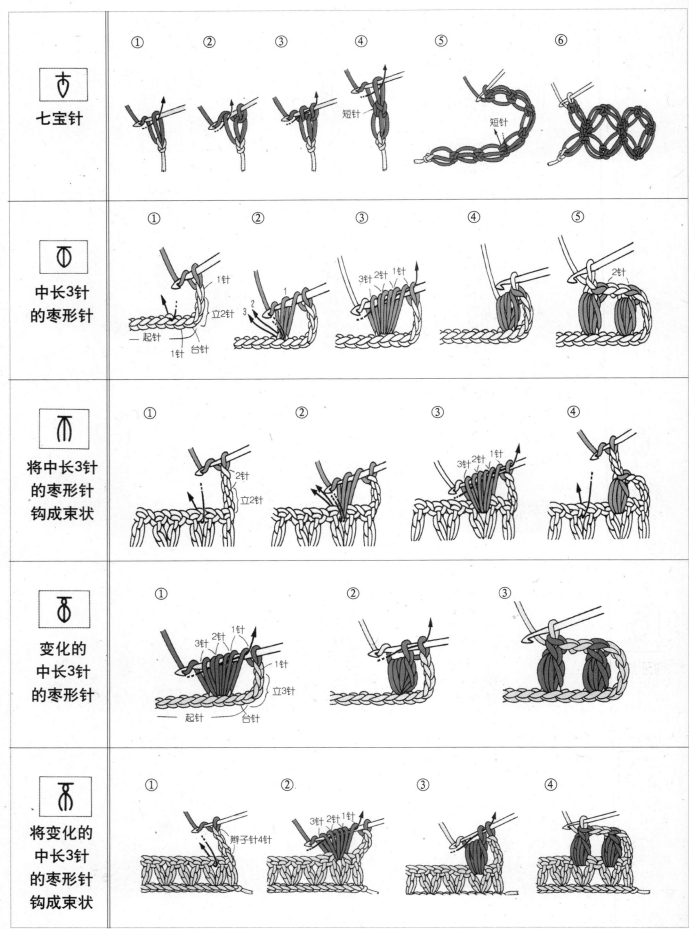

	①	②	③	④	⑤	⑥
七宝针				短针	短针	

	①	②	③	④	⑤
中长3针的枣形针	1针 立2针 起针 1针 台针	1 2 3	3针 2针 1针		2针

	①	②	③	④
将中长3针的枣形针钩成束状	2针 立2针		3针 2针 1针	

	①	②	③
变化的中长3针的枣形针	3针 2针 1针 1针 立3针 起针 台针		

	①	②	③	④
将变化的中长3针的枣形针钩成束状	辫子针4针	3针 2针 1针		

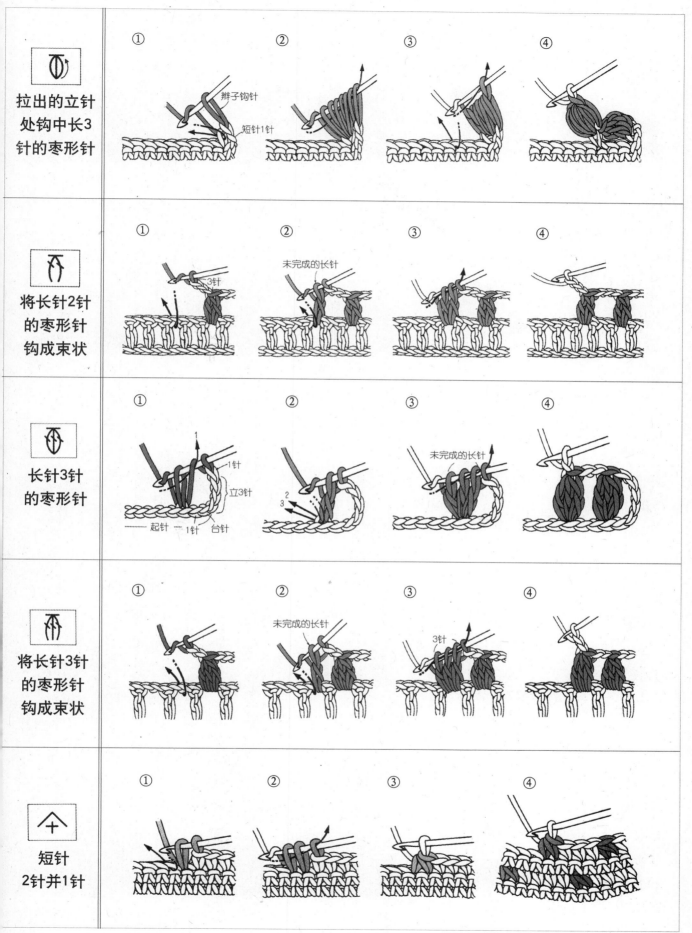

拉出的立针处钩中长3针的枣形针

① 辫子钩针 短针1针
②
③
④

将长针2针的枣形针钩成束状

① 3针
② 未完成的长针
③
④

长针3针的枣形针

① 1 1针 立3针 起针 1针 台针
② 2 3
③ 未完成的长针
④

将长针3针的枣形针钩成束状

①
② 未完成的长针
③ 3针
④

短针2针并1针

①
②
③
④

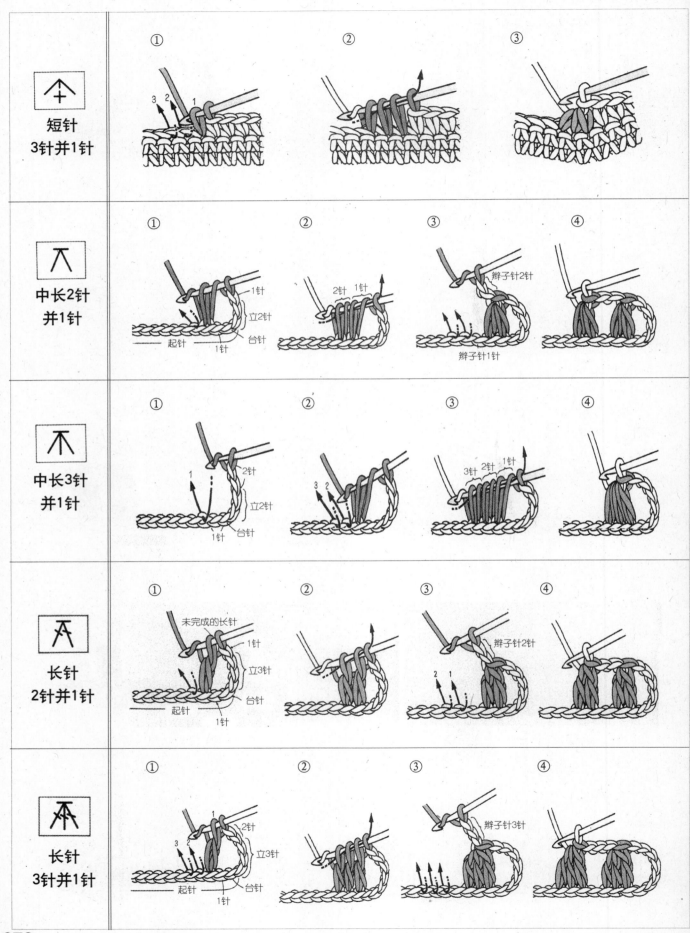

短针
3针并1针

中长2针
并1针

中长3针
并1针

长针
2针并1针

长针
3针并1针